营养液循环控制系统

U0380924

栽培系统

设备控制系统

华南型作物工厂化（水培）生产关键技术（移栽期）

华南型作物工厂化（水培）生产关键技术（成熟期）

樱桃番茄

新品种新技术

郑锦荣　林　绿　骆浩文　李艳红　等 ◎ 编著

中国农业出版社

北　京

内 容 提 要

　　本书围绕樱桃番茄新品种、新技术、新产业，根据国内外研究进展及笔者团队多年研究成果，重点介绍了 50 多个樱桃番茄新品种，特别是目前生产上较大规模种植的主导品种，以及国外选育的优良品种和我国选育的优质、高产、抗病及特异性状的新品种；同时介绍了樱桃番茄配套生产模式和应用技术，包括：工厂化（水培）生产技术、植物工厂技术、数字农业应用、都市农业应用、有机基质栽培技术、水肥一体化技术、工厂化育苗技术、粤西冬季露地栽培技术、病虫害综合防控技术、采收包装保鲜加工技术等。

　　本书内容实用、通俗易懂，适合农业科技人员、农技推广人员、经营者、种植者等阅读参考。

作者名单

郑锦荣　林　绿　骆浩文　李艳红

王茹芳　李　斌　杨　鑫　张庆俊

陈嘉婷　赵俊宏　聂　俊　黄真珍

曹海顺　蔡丽君　谭德龙　熊　燕

　　樱桃番茄原产于南美洲，是全世界较为广泛栽培的作物之一。樱桃番茄营养丰富、色泽鲜艳、外形美观，是现代高效种植、旅游观光、休闲体验、科普教育等都市农业、乡村产业振兴的重要园艺品种。然而，目前我国樱桃番茄主栽品种种源大多依赖进口，栽培技术也相对粗放，制约了樱桃番茄产业的健康发展。为此，结合课题研究成果及生产实际编写此书，旨在介绍樱桃番茄新品种、新技术及产业发展状况，以期帮助解决目前生产上存在的一些问题。

　　本书内容包括 4 个章节。第一章从起源与传播、营养价值及经济价值、生物学特性及生态习性等方面介绍樱桃番茄。第二章从品种的种类、品质性状、产量性状、抗病性状，及品种选择标准等方面介绍樱桃番茄新品种。第三章介绍华南型樱桃番茄工厂化（水培）生产技术、植物工厂技术、数字农业应用、都市农业应用、有机基质栽培技术、水肥一体化技术、工厂化育苗技术、粤西冬季露地高效栽培技术、病虫害综合防控技术和采收包装保鲜加工技术。第四章从樱桃番茄产业发展情况、存在问题及未来发展趋势介绍樱桃番茄新产业。本书在撰写过程中结合广东省农业科学院设施农业研究所相关科研团队成员多年科研成果及生产实际，借鉴国内外先进经验，力求做到既有学术性又有实操性，内容详实，基本覆盖樱桃番茄全产业链，适合从事樱桃番茄相关工作的科研人员、推广人员、种植者及产业经营者等参阅。

　　本书在写作过程中得到了相关领导、专家的关心与帮助，特别是广东省农业技术推广中心领导与同行专家的大力支持，在此表示衷心感谢。同时得到了中国农业科学院李君明研究员、北京市农林科学院李常保研究员、青岛农业大学王富教授、山东省农业科学院蔬菜研究所侯丽霞研究员、浙江省农业科学院阮美颖研究员、广州市农业科学研究院黄贞研究员和张素平高级农艺师、珠海华发集团潘增光博士、广东胜天农业工程有限公司陈育辉研究员、广东利泰农业开发有限公司吴和原高级农艺师、西安金鹏种苗有限公司郭敏、广东省农业科学院设施农业研究所科技管理科李明珠科长等的热情支持，在此一并表示感谢。

本书编写得到了广东省重点领域研发计划项目（2018B020202006），广东省农业科学院"十四五"学科团队建设项目（202129TD）的资助。

限于编著者的学术水平，内容难免有不妥之处，敬请批评指正。

编著者

2022 年 7 月

CONTENTS 目录

第一章

樱桃番茄概况

第一节
起源与传播

　　樱桃番茄属于茄科番茄属，又称圣女果、千禧果、小番茄、小柿子、珍珠小番茄、水果番茄、微型番茄、迷你番茄等，一年生或多年生。樱桃番茄起源于南美洲西部的秘鲁、厄瓜多尔、玻利维亚等地区，史前随着印第安人的迁徙传到中美洲和墨西哥。16 世纪随着新大陆的发现传入欧洲，17 世纪樱桃番茄主要用于观赏栽培，直至 18 世纪中后期樱桃番茄才开始作为蔬菜进行栽培。由于其风味独特，营养丰富，19 世纪生产量快速增加，到 20 世纪 50 年代后，樱桃番茄开始在世界各国大面积种植推广，并于 20 世纪 80 年代迅速发展，成为全球种植范围广、生产量高且消费较多的蔬菜作物之一。

　　番茄于 17 世纪传入我国并开始少量种植，至 20 世纪中后期，在全国各地开始大量生产，逐步成为我国的主要果蔬之一。目前，全球种植樱桃番茄面积较大的国家主要有荷兰、西班牙、俄罗斯、尼日利亚、美国、哥伦比亚、以色列、日本、中国等，总栽培面积已达 100 万 hm^2 左右，其中，我国樱桃番茄栽培面积在 15 万 hm^2 左右，已成为樱桃番茄产量最多的国家之一，栽培地主要分布在海南、广西、广东、山东等。

第 二 节
营养价值及经济价值

一、营养价值

　　樱桃番茄具有很高的营养价值，果实中含有维生素、蛋白质、有机酸、胡萝卜素、碳水化合物、纤维素及磷、钾、钙、钠、镁、锌、硒等矿物质，对人体的健康十分有益。据统计，成熟的樱桃番茄果实中可溶性固形物含量可达 7% 以上，每千克樱桃番茄鲜果中含有水分 0.94kg、碳水化合物 25～38g、果胶 13～25g、维生素 6～16g（其中维生素 C 200～400mg）、蛋白质 6～12g、矿物质 5～8g、有机酸 1.5～7.5g、脂肪 3g、番茄红素 28～100mg、β-胡萝卜素 4～12mg，每天食用 100g 左右的樱桃番茄即可满足成人对维生素及矿物质的需求。

　　同时，樱桃番茄还具有很好的保健功效。樱桃番茄富含维生素，有助于胃液的正常分泌，同时果实中含有苹果酸、柠檬酸和糖类物质，可以促进胃液对脂肪及蛋白质的消化，能够健脾开胃、除烦润燥；樱桃番茄含有粗纤维，可以有效结合胆固醇产生的生物盐，并通过消化系统将其排出体外，降低血液中的胆固醇含量，且果皮中的番茄碱可以与肠道中的胆固醇形成化合物，减少转移到肝脏中的胆固醇；果汁中含有氯化汞，可以有助于肝病治疗，具有利尿、保肾的功能；樱桃番茄含有 B 族维生素，不仅可以促进大脑发育，缓解脑细胞疲劳，还可以保护血管，预防高血压；果皮中的维生素 D 同样可以降低血压，预防动脉硬化、脑出血等疾病。另外，果皮茸毛会分泌路丁，可以有效增强毛细血管的张力，对于由高血压引起的头痛、肩部疼痛、手足麻木等具有一定的缓解作用，还可预防动脉硬化，对低血压和贫血也有良好的辅助治疗效果。

樱桃番茄含有谷胱甘肽和番茄红素，这两种物质均具有增强人体免疫力、调节血脂、抗氧化、清除自由基、抑制突变、降低核酸损伤的作用，可以保护皮肤、增加皮肤弹性、延缓衰老、防癌抗癌（如直肠癌、口腔癌、宫颈癌、乳腺癌、皮肤癌、前列腺癌），还能降低患心血管疾病等慢性病的风险。其中番茄红素还具有抗炎作用，经常食用樱桃番茄可以缓解牙龈炎、牙周炎、鼻出血等出血性疾病；谷胱甘肽还能抑制酪氨酸酶的活性，有助于消退皮肤色素沉积、淡化色斑、减少雀斑，对于美白皮肤起到辅助作用；樱桃番茄中胡萝卜素具有较强的抗氧化作用，可以调节人体免疫力，延缓衰老，避免皮肤晒伤，预防小儿佝偻病，保护眼睛。此外，樱桃番茄中的多种矿质元素在人体细胞的新陈代谢过程中起着至关重要的作用，对人体健康十分有益。

二、经济价值

樱桃番茄酸甜可口，清爽宜人，营养丰富，绿色健康，是不可多得的优质果蔬，无论是以水果生食，还是以蔬菜烹调煮食都是很好的选择。且由于樱桃番茄适应性好、抗逆性强、生长旺盛、单位面积产出高、栽培条件简单，适合工厂化生产，加上其营养价值高、用途广泛等特点，樱桃番茄快速发展成为我国重要的经济蔬菜之一。随着生活水平的提高，消费者对营养健康的樱桃番茄的关注度也越来越高，同时，作为高档水果、装饰蔬菜，樱桃番茄也受到宾馆及高级餐厅的青睐，市场需求大幅增加，樱桃番茄的种植面积迅速扩大，经济效益不断提升，进一步带动了樱桃番茄全产业链的发展。

近年来，市场上高品质的樱桃番茄每千克的价格可达 100 元以上，广东冬种樱桃番茄收购均价在每千克 20 元左右，亩* 产值可达

---

* 亩为非法定计量单位，1 亩≈667m^2。——编者注

10万元左右，有较高的种植效益。同时，樱桃番茄可以加工为多种食品，如用来生榨果汁，作为辅料制作饮品、蔬菜沙拉、菜肴，也可以加工为番茄酱、番茄脯、番茄粉、番茄沙司、番茄罐头、番茄红素胶囊等，不仅营养美味、品质优良，还兼具医疗保健的功效，具有很好的市场潜力和经济效益。

樱桃番茄作为现代都市农业的主要品种，具有很高的观赏价值。与传统的大番茄相比，樱桃番茄外观小巧玲珑，果形可爱多样，果色晶莹剔透、丰富亮丽，更容易吸引消费者的眼球。目前樱桃番茄果实颜色有红、黄、绿、紫、黑、白及花色等，果实形状有圆球形、梨形、牛心形、灯笼形、樱桃形等，色泽诱人、姿态各异，是农业观光园区种植的最佳作物之一，具有很高的观赏价值。樱桃番茄还可以作为盆景（图1-1），摆放在庭院、阳台、客厅等，兼具观赏性和食用性，一举两得，经济美观。近几年在粤港澳大湾区、长三角地区及京津冀地区的大型都市农业基地主要种植樱桃番茄。

图1-1 樱桃番茄盆景

随着科普教育的发展，自然科学已成为主要的科普教育内容之一，为科普教育提供了更加广阔的领域。以樱桃番茄作为科普作物，让青少年了解樱桃番茄的种植过程、生长习性等知识，还可以进行樱桃番茄采摘、食品制作等，体验田园乐趣。

第三节
生物学特性及生态习性

一、生物学特性

1. 根 樱桃番茄根系发达，属直根系，根系再生能力强，能分生大量侧根和次生根，主根和侧根主要分布在 30cm 的耕作层内，根系深度可达 1.5m，根群横向扩展幅度可达 2.5m。幼苗移栽成活率高。

2. 茎 樱桃番茄的茎为半蔓性或半直立状，合轴分枝，分枝性强，按照茎的生长习性可分为有限生长型和无限生长型。有限生长型，植株较矮，节间距短，植株顶端连续形成 3～5 个花序后自封顶，停止伸长生长。无限生长型，茎顶端分化成花序后，其下第一侧芽形成发达侧枝，并与主茎连续合成假轴，以后花序依照同样方式生长，主茎和生长点无限生长，植株高大。

3. 叶 樱桃番茄的叶片在叶轴上生有裂片，为奇数羽状深裂或全裂单叶。一般最开始的两片真叶的裂片偏少、较小，随叶片着生位置的升高，裂片数目逐渐增加，每片叶有小裂片 5～9 对，有限生长型叶片较小，无限生长型叶片较大。根据叶片形状和缺刻的不同，可分为普通叶型、直立叶型和大叶型 3 种。且叶片及茎生有细密茸毛，含刚毛和腺毛两种，腺毛下生有分泌腺，可分泌特殊气味的汁液来减少虫害。

4. 花 樱桃番茄的花为两性花（雌雄同花），即完全花，每朵小花由花柄、花萼、花冠、雄蕊、雌蕊组成，属于自花授粉植物。花萼呈绿色，5～6个披针形萼片，花冠为黄色，花瓣一般为5～6片，基部相连。一般有5～6枚聚药雄蕊，花药连成筒状并向内侧纵向开裂，雌蕊在雄蕊内侧，由子房、花柱、柱头组成，位于花的中心，子房上位，花柱沿花药壁伸长，柱头接受花粉，完成自花授粉。

花序一般呈总状或复总状，花芽分化和花序分化交替进行，花序数增加的同时，各花序上的花数逐渐增多。有限生长型在主茎生长6～7片真叶后着生第一穗花序，之后每隔1～2片叶着生一个花序，着生3～5穗花后顶端自然封顶；无限生长型第一花序一般着生于第8～12片之间，每隔2～3片叶着生1个花序，每个主茎可生长6～8个或更多的花序，在环境允许的条件下可不断抽枝并形成新的花序。

5. 果实及种子　樱桃番茄果实为浆果，由果皮和种子组成，其中果皮包括外果皮、中果皮和内果皮，一般包含2～3个心室。不同品种樱桃番茄形状多样，果色各异、大小不一（图1-2）。目前樱桃番茄有圆球形、长圆球形、扁圆球形、高圆形、卵圆形、洋梨形、桃心形、李形、牛心形、灯笼形、樱桃形等。果色有红色、

图1-2　各种果色和果形的樱桃番茄

粉红色、黄色、橘黄色、橙黄色、咖啡色、紫色、黑色、绿色、白色、花色等。果实直径为 1~3cm，单果重 10~50g 不等。

　　樱桃番茄种子扁平，呈卵圆或心形，灰褐黄色，表面生灰色茸毛。种子由种皮、胚和胚乳组成。千粒重为 1.5~2.7g，寿命 3~4 年，若在零度干燥密闭条件下保存，种子的发芽能力可保持 10 年以上。

二、对环境条件的要求

　　1. 温度　樱桃番茄为喜温作物，正常生长发育的温度适宜范围为 10~33℃，其中温度为 20~30℃时最适合樱桃番茄生长。温度高于 33℃时，植株的呼吸作用受到抑制，光合能力下降，营养生长减慢；温度高于 40℃，植株停止生长；温度高于 45℃，植株受热害，生理紊乱而死亡。温度低于 10℃，植株发育不良，生长缓慢；温度低于 5℃，植株茎叶停止生长；温度低于 0℃，植株遭受冷害，失去生命力。

　　不同生长阶段，樱桃番茄对环境温度的需求不同。发芽期适宜温度为 25~30℃，催芽最适温度为 25℃恒温；幼苗期，白天适宜温度为 20~25℃，夜间适宜温度为 10~15℃；开花坐果期，白天适宜温度为 20~30℃，夜间适宜温度为 15~20℃；结果期，白天适宜温度为 25~28℃，夜间适宜温度为 15~20℃。在番茄生育周期内保持一定的昼夜温差，更有利于植株生长和果实发育，有助于提高果实的产量和品质。

　　2. 光照　樱桃番茄属喜光性蔬菜，生长发育需要较强的光照，适宜光周期为 8~16h，适宜光照度为 3 万~4 万 lx，光饱和点为 7 万 lx，光补偿点为 0.4 万 lx。番茄发芽期，不需要光照，光照不利于种子萌发。除此之外，其他生育阶段均需要较好的光照条件，且在适当范围内，光照强度越大，植株叶片光合作用越强，茎叶生长越好，植株越健壮，同时还可以促进植株花芽分化，使第一花序着生节位降低，开花较早。超过适宜光强范围则会对植株的生长产生不利影响，光照过强，容易使植株早衰，灼伤果实，叶片发生生理性卷曲，诱发病毒病。光照不足，光合能力下降，植株光合作用产生的养分积累不足，易造成植株徒长，植株细弱，并延迟花芽分化，第一花序发生节位较高，花数减少，花器发育不良，导致落花落果，坐果率下降，严重时会诱发植株生理性障碍和病害，发生空洞果或筋腐病果。

3. 水分 樱桃番茄属于半耐旱性作物，根系发达，吸水能力强。植株茎叶生有茸毛，叶片呈深裂或全裂叶。对空气湿度要求不高，适宜空气相对湿度为45％～65％，空气湿度过高，茎叶生长发育缓慢，植株细弱，花粉不易散出，阻碍植株正常授粉、受精，导致落花落果，坐果率下降，同时容易诱发真菌和细菌病害。

温馨提示

樱桃番茄在设施栽培条件下，应注意通风换气，避免湿度过大。樱桃番茄不耐涝，淹水3d就会萎蔫死亡。应该根据植株的生长状态、环境温度及湿度做好灌溉、排水及通气的管理，保证优良的植株生长环境。

樱桃番茄在不同生育期对土壤湿度要求不同，发芽期适宜土壤相对湿度为80％左右，保证水分充足，以供种子吸水发芽；幼苗期植株营养体较小，需水量不高，但根系较弱，吸水能力差，故土壤应保持较高的水分条件，适宜土壤相对湿度为50％～75％；开花坐果期，植株营养生长旺盛，需水量增大，适宜土壤相对湿度为60％～70％；结果期，果实快速膨大，需水量高，要求土壤相对湿度在80％以上，保持土壤湿润，供水充足，同时需保证供水相对稳定，土壤供水不均会导致番茄果实裂果；果实成熟期，需要适当控制水分供应，使果实中的养分有效积累，有助于提高果实的营养品质和贮藏品质。

4. 土壤与养分 樱桃番茄根系发达，适应能力较强，适合在土层深厚、排水良好、富含有机质、通气性良好的疏松肥沃壤土或沙壤土中种植。栽培樱桃番茄，土壤 pH 宜保持在 5.6～6.7。土壤过酸，植株养分吸收不足，易诱发脐腐病；而盐碱地条件下，植株生长受阻，比较矮小，甚至枯死。

樱桃番茄为喜肥作物，在生长发育过程中需充足的养分供应，尤其是氮、磷、钾元素。植株缺氮，不利于蛋白质的合成，并阻碍细胞的分裂和伸长，植株细弱矮小、叶面积下降、叶片发黄早衰、果数减少；氮素过多，促进植株蛋白合成，叶绿素含量增加，植株细弱易倒伏。植株缺磷，根系发育不良，植株生长缓慢、叶面积小、花芽分化延迟、果实品质下降，严重时影响植株对氮的吸收，导致植株生长停止；磷过量，植株呼吸作用强烈，过多分解碳水化合物，导致叶片肥厚、叶色浓绿、根系异常旺盛、茎叶生长受阻、地上部和根系生长失调、植株早衰，还可能影响植株体内锌、锰的代谢，引发缺锌、缺锰症。樱桃番茄喜钾，植株缺钾，叶绿素遭到破坏、老叶和叶边缘焦黄、果实的品质不佳、植株抗逆能力下降；钾过量，植株根系的生长发育不良，抑制植株对钙、镁、铁、锌等营养元素的吸收，进而引发脐腐病、其他缺素症等生理性病害，导致樱桃番茄果实的产量及品质下降。同时，番茄生长过程中也需要注意适量补充钙、镁、硫、铁、锰、硼、锌等元素，保持营养的均衡供应，樱桃番茄植株才可以保持健壮生长。

5. 气体环境 大气中的 CO_2 是植物进行光合作用的主要原料，对樱桃番茄植株生理和生长有非常重要的作用，植株通过光合作用，将水和大气中的 CO_2 转化成糖类物质供植株利用；同时，大气中 CO_2 浓度可以调节番茄叶片气孔导度和蒸腾速率。CO_2 浓度升高，可以提高樱桃番茄的光合速率，降低叶片的气孔导度和蒸腾速率，进而提高樱桃番茄的水分利用效率，促进植株的生长发育和开花结果，有助于增加樱桃番茄的产量。樱桃番茄 CO_2 饱和点为 800～1 200mg/L，补偿点为 80～100mg/L，一般大气中的 CO_2 浓度为 400mg/L 左右，基本满足番茄植株的生长需求。而在设施温室大棚栽培中，由于薄膜覆盖、樱桃番茄茎叶遮挡等原因，设施内空气流通受阻，致使设施内 CO_2 浓度不足以满足樱桃番茄的生长需求，严重时会引起落花落果。另外，空气中有害物质（二氧化硫、臭氧、粉尘、氯气等）超标时，对樱桃番茄的生长和果实的品质也会有一定的影响。

温馨提示

设施栽培樱桃番茄要注意通风，并适当增施CO_2肥，可以有效增加樱桃番茄的产量。

三、生长发育周期

樱桃番茄为一年生或多年生草本植物，其生长周期为110～170d，番茄从播种到第一穗果种子成熟所经历的时期为生长发育周期。樱桃番茄的生育周期可分为发芽期、幼苗期、开花坐果期和结果期4个阶段。

1. 发芽期 从种子萌动到两片子叶长出第一片真叶破心的这段时期为发芽期，这个时期一般为7～9d，需要积温175～180℃。该生育期为异养阶段，种子发芽到真叶展开所需的养分皆来源于种子自身贮藏转化。子叶展露后3d左右伸展并转绿，幼苗开始自养生长。

2. 幼苗期 从第一片真叶破心到第一花序现蕾，这个阶段为幼苗期。这个时期属于自养阶段，主要依靠光合作用和呼吸作用获取养分。幼苗期分为两个阶段，第一个阶段是从真叶显露到2～3片真叶展开，为基本营养生长阶段，为植株花芽分化和营养生长奠定基础，这一阶段对于根茎叶的分化、初花期及花芽分化数目十分关键；2～3片真叶展开后，幼苗开始花芽分化，进入幼苗期的第二个阶段，为营养生长和花芽分化同时进行阶段，之后每隔10d左右分化一个花序，苗期一般能分化3个花序。在适宜温度下，幼苗期一般需要40～50d，温度偏低条件下需60～80d，高温条件下需40d左右。

3. 开花坐果期 从第一花序现蕾到坐果的这段时间为开花坐果期，一般需要 15～30d。这个时期，番茄植株由营养生长为主过渡到生殖生长和营养生长并进期。这个阶段直接关系到果实的产量和品质，需要适宜的生长环境和合理的水肥调控，保持营养生长和生殖生长的平衡，同时要注意保花保果，避免植株徒长和落花落果。

4. 结果期 从第一花序坐果到果实采收结束为结果期，这一时期，每个花序的花依次延伸长大，陆续开花，连续坐果。第一花序果实膨大时，第二、三个花序陆续开花坐果，营养生长和生殖生长并行，相继达到高峰，并以生殖生长为主，大量的养分运输到果实中，各层花序之间养分竞争激烈，下位叶片产生的养分主要分配给根系和第一穗果生长，中位叶片养分主要运输到中部果实，上位叶片制造的养分则主要供应给上部果实和顶端营养生长。

果实的发育一般要经历以下过程：首先是番茄开花授粉后的 3～4d，果实开始膨大，速度缓慢，肉眼观察不明显；开花 7～20d，果实膨大速度最快，为果实肥大期，30d 后果实膨大到极限，随后膨大速度减慢，番茄果实逐渐转色，果实内部组织开始发生化学变化，达到成熟。

（杨　鑫）

第二章

樱桃番茄新品种

第一节
品种的基本特性

一、品质性状

（一）概述

番茄果实富含多种人体所需的基本营养物质和生物活性物质，在人类膳食结构中占有重要地位。果实品质影响消费者的购买欲望，进而决定其商品价值，影响其市场竞争力。较高的果实品质主要包括外形美观、营养丰富、风味优良以及耐裂等。

1. 外观 番茄果实的外观品质不仅影响消费者的购买欲望，还决定品种的用途，主要体现在果色和果形方面。番茄果色主要有红色、粉色、黄色、绿色和紫色，由果皮和果肉中所含色素的种类和含量决定。色素主要在质体中合成，番茄红素、β-胡萝卜素、叶黄素和花青素分别引起果实颜色变为红色、橙色、黄色和紫色。一些植物色素具有抗氧化功能，可有效淬灭人体中的单线态氧和清除自由基，对人体健康、预防心血管疾病及衰老相关疾病有重要作用，因此，番茄果色不仅是品质性状，也是营养价值的参考标准。

番茄红素在红色和粉色番茄中含量最多。β-胡萝卜素和叶黄素是番茄红素代谢的中间产物，二者与番茄红素含量的比例会引起果实呈现黄色到红色间的多种色泽。花青素是一种天然的水溶性植物色素，是花、果实等植物器官呈紫色的主要原因。同时，花青素是一种天然的抗氧化剂，具有重要的保健功能。然而，栽培番茄果实中不含花青素，只有个别野生番茄果实才会在强光条件下合成少量花青素。栽培番茄通过和野生番茄杂交可获得合成花青素的紫色番茄品种。

果实形状由子房在不同方向的生长速率决定。未经驯化的野生番茄果实大多只有 2 个心室，果形小而圆。经过长期驯化和大量人工选择后，栽培番茄果实不但心室数和单果重显著增加，而且形状更加多样，包括梨形、矩形、卵圆形和扁圆形等（图 2-1）。

果实形状是一个由数量性状位点控制的遗传性状，遗传机制较为复杂，主效位点包括 *lc*、*fas*、*sun*、*ovate* 和 *fs8.1*。其中，*lc* 和 *fas* 突变使果实心室数量增加、果实横向生长，进而产生扁圆形果实；*ovate* 和 *sun* 突变均导致果实伸长，进而生成梨形果实；而 *fs8.1* 不影响果实横径，主要通过促进果实伸长来调控果形。

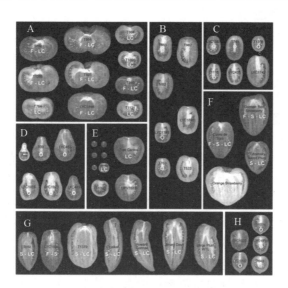

图 2-1　常见番茄果实形状

A. 扁圆形　B. 矩形　C. 椭圆形　D. 梨形　E. 圆形　F. 牛心形　G. 长条形　H. 心形

2. 营养物质　番茄果实富含维生素、矿物质等营养物质，在人类饮食结构中占有重要地位，其中最主要的是维生素 C 和番茄红素。

维生素 C 又称抗坏血酸，可以改善牙龈、强化毛细血管，还可以促进人体对铁元素的吸收，用于治疗贫血，并在调节脂肪和胆固醇代谢方面有一定作用。番茄果实的维生素 C 含量属于数量遗传性状，一般符合加性效应，遗传力较高。

番茄红素除了作为一种色素影响果实颜色，还是目前自然界中抗氧化能力极强的类胡萝卜素，其生物活性强于其他类胡萝卜素，在清除体内的自由基、预防衰老和抗氧化方面有重要作用。番茄红素含量也属数量遗传性状，遗传模型以基因加性效应为主，并有少量的上位效应，显性效应不显著。

番茄果实中富含烟酸。烟酸属于 B 族维生素化合物，是人体中不可缺少的营养成分。烟酸在促进人体正常生长发育中起着重要作用，能维持胃液的正常分泌，促进红细胞的形成，有利于保持血管壁的弹性和保护皮肤。另外，烟酸能够提高中枢神经的兴奋性和心血管系统、网状内皮系统功能，所以食用番茄对预防动脉硬化、高血压和冠心病有帮助。

番茄果实中富含矿物质。矿物质是人体必需的元素，无法自身产生和合成，且每天都有一定量随各种代谢途径排出体外，因此必须通过饮食补充。研究表明，人体营养所必需的矿物质有 25 种，番茄果实含有 17 种。

3. 风味 风味是番茄果实最重要的品质指标，主要由可溶性固形物和挥发性物质共同决定。

可溶性固形物是可溶性糖类、可溶性酸类和微量成分的总和。研究表明，可溶性固形物含量每增加 1%，番茄产量增加 25%。可溶性糖含量决定了番茄果实的甜度。番茄果实中可溶性糖类主要包括葡萄糖、果糖、蔗糖以及一些糖醇等，其中葡萄糖和果糖约占总糖量的 3/4。合适的糖酸比是良好风味的基础，适量的酸度可增加和丰富番茄果实口感，是风味的重要组成。番茄果实中可溶性酸的主要成分为苹果酸和柠檬酸。番茄果实为呼吸跃变型果实，呼吸速率在转色期达到高峰。呼吸作用产生有机酸，有机酸含量在果实转色期达到最大值，并随着成熟进程含量逐步下降。截至目前，已有多个苹果酸和柠檬酸相关调控位点被定位，但相关基因的克隆却鲜有报道。

截至目前，番茄中已检测到 400 多种挥发性物质，大部分来自氨基酸、酯类及类胡萝卜素，其中约 30 种高含量挥发性物质已被证实和果实风味相关，包括 3-己烯醛、异戊醛、1-戊烯-3-酮等。这些挥发性物质相互作用，对番茄的风味起到了关键作用。然而，由于种类繁多、合成通路复杂且调控位点众多，其相关调控基因位点的定位一直比较困难，且鲜有相关基因被克隆。目前，已有约 200 个番茄果实挥发性物质相关位点被定位。我国科学家黄三文团队获得了控制风味的基因位点，为番茄果实风味和营养物质的遗传调控，以及全基因组设计育种提供了思路。

4. 硬度　果实硬度（即耐裂性）是番茄重要的品质性状，与病菌感染、运输损耗及耐贮存性紧密相关。我国果蔬等农副产品在运输、贮存等物流环节上的损失率为 25%～30%，造成的直接经济损失每年达 4 000 亿元人民币，而发达国家的果蔬损失率则控制在 5%以下。提升果实硬度能够延长番茄货架期并减少长距离运输带来的损耗（图 2-2）。

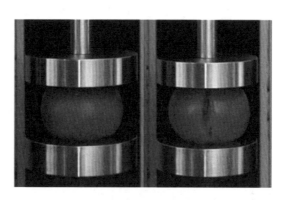

图 2-2　提高果实硬度可显著减少番茄破损
（崔霞团队，2020）

番茄果实成熟过程伴随着硬度下降，硬度变化主要受外果皮角质层积累和果实细胞壁降解影响。角质层主要组分为角质和蜡质，随着番茄果实的成熟，角质含量基本不变，但蜡质含量持续增加，导致角质层不断积累。细胞壁由纤维素、果胶及糖蛋白等构成，有较大机械强度，起支撑和保护果实细胞的作用。果实成熟伴随着细胞壁降解和细胞间黏性下降，进而引起硬度下降。同时，果实硬度还受多种植物激素协同调控。番茄果实成熟过程中会出现乙烯产量高峰，乙烯不但激发其成熟的开启，还对果实软化至关重要。自然突变体 *ripening inhibitor*（*rin*）和 *non-ripening*（*nor*）均无内源乙烯合成，果实无法成熟和软化。施用外源脱落酸处理可加速果实成熟和软化，而施用外源赤霉素则可以推迟果实软化。

品种改良选育高硬度番茄是解决采后损耗过高的重要突破点。实际生产中曾通过引入成熟的自然突变来提升果实硬度，但同时引起果实品质显著下降。引入 *rin* 可使果实硬度增加、货架期延长，但番茄红素含量仅有野生型的一半，营养价值下降。自然突变 *alcobaca*（*alc*）可显著延长番茄货架期，但是果实重量、心室数及形状受到严重影响。

果实硬度是一个由多位点决定的复杂数量性状。研究人员鉴定到大量果实硬度相关数量性状位点，但相关基因的克隆却鲜有报道。因此，调控番茄果实硬度的功能基因有待进一步挖掘。

（二）高品质番茄的国内外市场需求

18 世纪欧洲人开始食用番茄，番茄迅速从欧洲传往世界各地，并对全球饮食产生了重要影响，成为各国饮食中的重要组成部分。但不同地区由于饮食习惯和文化存在差异，对番茄的市场需求不同。

欧美等西方国家工业化程度高，是世界上最早使用智能温室进行番茄栽培的地区，单位产量远高于世界其他地区。这些国家对高品质果实的市场需求大，番茄主要用于鲜食、烹饪和番茄酱加工。欧美鲜食番茄以樱桃番茄为主，品质要求较高。高品质樱桃番茄以串收为主，要求果色多样鲜亮、果形和大小均匀、萼片平整。欧美鲜食樱桃番茄多以桶装或盒装出售，因此硬度较高。另外，因欧美高糖高脂的饮食习惯，出于健康考虑，番茄育种追求低糖，因此果实糖度均不高。对于烹饪番茄，欧美消费者普遍偏爱红果，以及"牛肉番茄"，即多心室的大番茄。番茄酱是欧美饮食中重要的调味品，其制作所需的加工番茄需求量极大。加工番茄果实多为椭圆形和长椭圆形、果皮较厚、固形物含量高以及易去皮，但对果实风味要求不高。

我国早期番茄市场主要以烹饪和加工为主。相比欧美消费者喜欢红果，亚洲（尤其是中国和日本）的消费者偏爱粉果，烹饪番茄以粉色大果番茄为主，风味较好。我国加工番茄主产区集中在新疆，因当地丰富的光照资源、较大的昼夜温差等优异的自然条件，新疆出产的加工番茄固形物含量高，番茄红素含量居世界首位。随着我国居民生活水平的提高，人们对于果实品质的要求也逐渐提升，已经从"有得吃"向"吃得好"发展，对烹饪番茄的品质要求更高。由于长距离运输，耐裂性好且货架期长的高硬度番茄逐渐成为我国烹饪番茄市场主流。此外，消费者对健康的需求使得鲜食樱桃番茄市场近年来快速发展。与欧美市场不同，我国消费者偏爱糖度较高的樱桃番茄，整体风味更好。

（三）广东省高品质番茄发展现状及市场需求

广东省位于热带和亚热带季风区，水热资源丰富，冬季气候温和、降雨少，病虫害也少，适合番茄生长。与传统栽培番茄相比，樱桃番茄外观更多样、营养风味更佳、品质更突出，更能满足高品质的市场需求。随着国家都市农业发展和乡村振兴战略的实施，高效、高收益的现代化农业项目不断发展，樱桃番茄种植作为此类优质项目被大力推广。据统计，我国樱桃番茄种植面积约 $1.5\times10^5\,hm^2$，其中广东省近 2.0 万 hm^2，且种植面积逐年增加，多分布于粤西地区。

生产上对樱桃番茄的品种要求较高，如要求优质、多抗、高产、广适等，特别在品质方面要求可溶性固形物高、糖酸比适宜、口感佳、皮薄肉厚、汁多、裂果少、耐贮运、颜色鲜艳有光泽、果形美观等。另外，要求抗病虫害，尤其是抗番茄黄化曲叶病毒病和青枯病。在以上基础上，耐高温和高湿也是广东省樱桃番茄种植品种的必需品质。

目前，广东省樱桃番茄种植主要面向三大市场：当地销售、冬种北运和观光旅游。当地销售的番茄以烹饪和鲜食为主。广东省经济发达，居民消费水平高，对高品质果蔬的市场需求尤其旺盛，果实糖度和口感要求较高。作为樱桃番茄重要的冬种北运基地，广东省从每年11月开始到翌年4—5月，高品质的樱桃番茄可直供全国各地。由于需要长距离运输，耐裂性好为重要果实品质要求。旅游观光和采摘结合是农业与旅游相结合的产物，是近年来重要的乡村增收模式。采摘园中种植樱桃番茄要满足外观美和形状颜色多样，以此来吸引游客。

广东省目前樱桃番茄生产中的大部分优良品种为我国台湾地区、以色列等进口品种，如台湾农友公司培育的千禧和圣女，以色列海泽拉公司培育的夏日阳光和格雷斯。经过我国育种家多年的努力，近年来涌现出不少已被推广且表现较好的自主品种，如广东省农业科学院设施农业研究所培育的粤科达系列，不但果实品质高，而且结合华南型工厂化（水培）配套生产技术，在广东地区有亮眼表现并实现大面积推广。

（四）基因编辑助力番茄品质育种

近年来，分子生物技术的快速发展为番茄遗传改良提供了新途径，尤其是以 CRISPR/Cas 系统为代表的基因编辑技术的出现，大大加快了育种进程。该系统于2013年开始应用于植物，2014年首次应用于番茄，其中最具代表性的是冷泉港 Lippman 团队，通过基因编辑加速番茄的野生驯化并提升了产量（图2-3）。随后，CRISPR/Cas9 基因编辑系统多次被用于改善番茄果实品质。

我国消费者偏爱粉果番茄，然而大多数番茄育种材料均为红果材料。李传友团队利用 CRISPR/Cas9 系统敲除控制番茄果实颜色的 Y 基因后，突变果实不能正常积累黄色的类黄酮类物质柚皮素查耳酮而呈现透明，使红色果肉番茄整体呈现粉色，较传统的回交转育时间大大缩短，加快了育种进程。

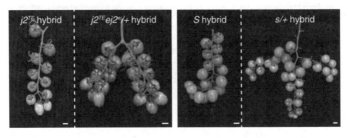

图 2 - 3　通过基因编辑可显著提升番茄产量
(Lippman 团队，2017)

番茄果实中的 γ-氨基丁酸是一种重要的生物活性物质，能够降血压、改善脑机能、精神安定等。敲除其生物合成途径的关键抑制酶——谷氨酸脱羧酶编码基因可使 γ-氨基丁酸产量提高 7~15 倍。同时，敲除其分解代谢途径中的关键酶——琥珀酸半醛脱氢酶和转氨酶编码基因可显著降低其分解，同样也显著提高番茄果实红熟期的 γ-氨基丁酸含量，从而提升番茄的保健功能。

增加番茄果实硬度可减少采后损耗。我国崔霞团队敲除赤霉素氧化酶编码基因 FIS1 后，果皮角质层厚度增加，提升了果实硬度、延长了货架期。此外，对 FIS1 进行基因编辑改良果实硬度并未影响果实发育和风味等重要性状，凸显了基因编辑精准、高效的特点。

通过基因编辑精准、高效改良作物的品质性状，可大大缩短育种周期，加速育种效率，同时提升产品竞争力。

（王茹芳）

二、产量性状

（一）概述

产量性状是指与产量构成相关的性状，樱桃番茄的产量性状主要包括单株穗数、单穗现蕾数、单穗开花数、单穗果数、单果重、坐果率、种植密度等。其中，单株穗数为每株番茄植株茎蔓上着生的花序总数；单穗现蕾数为每穗花序出现花蕾的数量；单穗开花数是指单穗花序开花的数量；单穗果数为每穗花序的结果数；单果重为櫻桃番茄单个果实的平均重量；坐果率为番茄结实数与开花数的比值；种植密度是指单位面积上按合理的种植方式种植的植株数量。

櫻桃番茄的产量性状受到櫻桃番茄品种、环境条件和农艺措施的影响。环境条件主要包括温度、湿度、光照强度、土壤水肥状况等，这些因素直接影响着櫻桃番茄的生长，进而对番茄的产量性状造成影响。农艺措施是指农作物生产过程中应用的管理技术或手段，主要包括作物栽培手段、土壤水分管理、施肥、病虫害防控等方面。櫻桃番茄产量性状不仅决定了櫻桃番茄的产量，也在很大程度上影响了櫻桃番茄的商品性和经济效益，高产櫻桃番茄品种的选育及增产农艺措施的研究对于提高櫻桃番茄的产量和经济效益具有重要意义。

（二）国内外研究进展

櫻桃番茄品种是影响番茄产量性状的一个直接要素，不同櫻桃番茄品种的生长习性不同，对环境的适应性也存在较大差异，导致各品种间产量性状也有明显不同。从生长习性来看，无限生长型櫻桃番茄单株穗数明显较有限生长型多，产量较高；同时不同品种櫻桃番茄在生长势、单穗花数和结果能力上也有较大差别，因此对应的产量也差异较大。不同品种櫻桃番茄株型之间差异也比较大，植株的叶片夹角、叶面积等影响了植株的光合作用，对于櫻桃番茄的产量积累同样具有显著影响。目前，已知的调控櫻桃番茄植株伸长生长、株型的主要基因包括 SP、LS、BL、$BRC1a/b$、$SlSAUR71$ 和 $SlXTH23$ 等。另外，与抗病性弱的品种相比，抗病性强的品种能够更好地抵御病害威胁，在不良生长环境下仍然能够保证植株产量。因此，在生产栽培中，品种选择对于櫻桃番茄产量十分重要。

随着分子生物学、基因组学、生物信息学的发展，新种质资源创制也从传统育种走向了分子水平。通过应用分子标记、基因定位、测序、转基因等手段研究高产基因，国内外鉴定到了诸多提高番茄抗性、增加番茄产量相关的基因位点，如 Ty-1、Ty-2、Ty-3、Ty-$3a$、Ty-4、Ty-5、Mi 及 $Pvr4$ 等，并培育出如中櫻 6 号、京番黄星 7 号、浙櫻粉 1 号、櫻莎黄、粤科达 101 等产量和品质均表现较好的品种。

花芽分化是植株开花结果和产量形成的基础，是櫻桃番茄果实产量的重要影响因子，花序的数量和质量直接决定了櫻桃番茄的坐果率和单穗果数。花序分化发育受到多种环境因素、植物激素和遗传因子的影响。从环境因素来看，花序形态受到温度、湿度、光照强度等因素的影响。櫻桃番茄属喜温作物，低温胁迫会导致櫻桃番茄植株生长缓慢、花期推迟、花粉萌发率降低、果实发育周期延长、落花落果严重、坐果率下降，导致同期櫻桃番茄的产量降低。近年来，番茄中也定位到一些抗寒相关的基因，如 CBF、ERF、FAD、$GPAT$、VED 及 GME 等。而空气相对湿度偏低会导致花粉萌发率降低、花粉活力下降、花粉管伸长减慢，引起受精发育不良、花期紊乱。湿度过低且遇到高温时，櫻桃番茄开花过程中，花粉粒暴露在干燥、高温环境下，花粉活力和花粉管生长同样会受到抑制，并易使雌蕊花柱和柱头干枯，影响受精，从而降低了番茄的坐果率，并导致果实的果径、单果重和单株结果数减少，櫻桃番茄产量大幅下降。空气相对湿度过低或过高，都可能引发病害，严重影响櫻桃番茄的生长。光是花形成的重要条件，光强、光质及光周期通过调控作物的光受体和信号传导来影响作物开花和花序形态建成，目前研究表明红光抑制开花，蓝光促进开花，光强过高或不足都会抑制花芽分化，造成花芽数减少、成花率降低、花粉活力减弱，导致櫻桃番茄的光合产物积累下降，进而引起减产。

植物激素也会间接对櫻桃番茄的产量产生一定的调控作用。其中，生长素可以调控花器脱落和花梗发育，外施适当浓度的生长素能够有效减慢花器脱落并促进花梗伸长。在一定浓度范围内，低浓度的生长素有利于植株开花诱导，而高浓度的生长素会抑制植株开花，从而影响植株的开花数和坐果率，降低櫻桃番茄的产量。而较高浓度的赤霉素可以促进植株开花，缩短开花时间，且赤霉素对花药、花瓣及子房的发育具有非常显著的影响。赤霉素合成途径发生异常，会阻碍花药、花瓣及子房的发育，导致果实坐果率下降，降低果实的产量。此外，脱落酸也直接影响着植株的花芽分化和开花特性，适当浓度的脱落酸有助于植株花芽分化，促进植株开花，而外施脱落酸则会对植株的开花产生抑制作用。

从分子生物学的角度来看，目前国内外学者已经从野生番茄中鉴定出诸多与番茄产量相关的性状位点，建立了高产 QTL 体系。此外，研究还发现了参与调控花序分枝、花序分化、花序形态建成及株型等基因，如参与花序分枝的基因 *FAS*、*FAB*；参与花序分化的基因 *SFT*、*J*、*MC*、*STM3*、*SP*；参与株型调控的基因 *EJ2*、*J2*、*CLV3*。对相关基因的编辑可以有效促进花序分枝、增加开花数量、调控番茄株型结构等，进而提高樱桃番茄的产量，这对樱桃番茄高产品种的培育具有重要意义。

三、抗病性状

（一）概述

樱桃番茄病害的病原物分为病毒、细菌和真菌。品种的抗病性是植株阻滞、中止或避免病原物活动、侵入与扩展，减轻发病和降低损失程度的特性由遗传特性决定。抗病性是普遍存在的、相对的性状，所有植株都具有不同程度的抗病性，分别为免疫、高抗、中抗、抗病和高感。育种学家利用室内苗期接种、大田接种鉴定及分子标记鉴定等方式进行抗病种质资源的筛选和利用研究，几乎所有的番茄病害都可在番茄的近缘野生资源中找到相应的抗原，其中一部分抗病基因已经转入到樱桃番茄中，培育出单抗或者兼抗多种病害的樱桃番茄新品种。下面就生产上樱桃番茄品种的发病状况、抗病品种选育及存在的问题进行介绍。

（二）樱桃番茄主要病害研究进展

1. 病毒病　病毒病又称毒素病、瘤球病、瘟病，是樱桃番茄主要的病害之一，在露地和保护地栽培中普遍发生，可造成严重损失。番茄在全世界范围内大面积种植，加上大量繁殖的烟粉虱，导致番茄病毒病已经对番茄生产造成严重危害。目前生产上已经选育出具有复合抗性（TYLCV、TMV 和 CMV）的品种，如广东省农业科学院选育的粤科达 105 和粤科达 205 等。本病的病原主要有黄化曲叶病毒、烟草花叶病毒、黄瓜花叶病毒等。

番茄黄化曲叶病毒病是目前樱桃番茄的一种毁灭性病害，在我国大面积蔓延，造成巨大损失，其主要病原是番茄黄化曲叶病毒（*Tomato yellow leaf curl China virus*，TYLCV）和中国台湾番茄曲叶病毒（*Tomato leaf curl Taiwan virus*，ToLCTWV），目前已经从番茄材料中鉴定到抗 TYLCV 基因有 $Ty-1$、$Ty-2$、$Ty-3$、$Ty-3a$、$Ty-4$、$Ty-5$ 和 $Ty-6$，其中 $Ty-1$，$Ty-2$，$Ty-3$ 基因是在生产中应用较多的抗病基因，育种工作者已经从种质资源中筛选出具有这些抗性位点的育种材料，并且选育出具有这些抗性位点的新品种。但由于这些基因与一些不利基因连锁，导致具有这些抗性位点的优质新品种较少，所以生产上大面积进行推广应用的品种也较少。广东省农业科学院设施农业研究所培育出具有 $Ty-2$ 杂合位点的黄色樱桃番茄品种粤科达 105，具有 $Ty-1$、$Ty-3$ 杂合位点的红色新品种粤科达 205，苗期接种鉴定试验表明，粤科达 105 中抗番茄黄化曲叶病毒病，粤科达 205 高抗番茄黄化曲叶病毒病，大田种植表现出抗性，可溶性固形物含量均达 8.5% 以上，目前正在广东地区示范推广。

番茄花叶病毒病的病原是烟草花叶病毒（*Tobacco mosaic virus*，TMV），是番茄中较为普通的一种病害，全国各地均有发生。早在"六五""七五"时期，就鉴定出具有 TMV 抗性的育种番茄材料。已经从野生番茄中鉴定出 3 个对 TMV 具有显性抗性的基因，分别为 $Tm-1$、$Tm-2$、$Tm-2^a$，已有可用的分子标记。目前大多数樱桃番茄品种都抗烟草花叶病毒病。

番茄蕨叶病毒病的病原是黄瓜花叶病毒（*Cucumber mosaic virus*，CMV），是番茄中的一种重要病害，全国各地均有发生，轻病株结果小或者畸形，重病株花蕾未打开即坏死，病田发病率可达50%以上，甚至造成绝收。抗蕨叶病毒病的材料主要通过接种进行鉴定。目前大多数樱桃番茄品种都抗番茄蕨叶病毒病。

2. 青枯病 该病是细菌性病害，病原为茄科劳尔氏菌（*Ralstonia solanacearum*），是番茄的一种主要土传病害。青枯病发病急，蔓延快，发生严重时会引起植株成片死亡，造成严重减产，甚至绝收。青枯病抗性与多基因相关，至少发现6个主效QTL，分别分布在4、6、8、10和12号染色体。其中，番茄6号染色体上至少有2个QTL位点与青枯病抗性紧密相关，是抗青枯病的关键位点，但是其抗性遗传规律仍不清楚，没有可用的分子标记，材料筛选以接种鉴定和田间观察为主。自20世纪50年代末我国育种家从国外收集番茄抗青枯病材料，通过多年杂交及选择，选育出了一批抗病品种，广东省农业科学院选育出一些耐病的樱桃番茄品种，如红箭、红樱桃2号、红月亮等，并在生产上大面积推广应用。抗性基因常连锁不良性状，如可溶性固形物含量低、果实硬、皮厚等，目前已经有抗青枯病且品质较为优良樱桃番茄品种，如粤科达105（苗期鉴定对青枯病中抗）。

3. 细菌性髓部坏死病 该病是细菌性病害，病原为番茄髓部坏死病假单胞菌（*Pseudomonas corrugata*）等，是一种新兴土传病害，一种维管束系统病害。目前针对细菌性髓部坏死病的抗性材料筛选和鉴定在国内外均有报道，已筛选出具有抗性的种质资源和品种。

4. 早疫病 该病是真菌性病害，病原为茄链格孢（*Alternaria solani*），又称轮纹病，夏疫病。早疫病是一种主要的叶部病害，各生育期都可发病，可危害叶片、茎、花、果实等，以叶片和茎叶分枝处最易发病。早疫病抗性遗传机理比较复杂，既有单基因抗性也有多基因抗性，有显性也有隐性遗传。国内外通过接种鉴定筛选出对早疫病具有抗性的抗原材料，并通过杂交、回交等方式进行抗性品种选育。

5. 晚疫病 该病是真菌性病害，病原菌为致病疫真菌（*Phy-*

tophthora infestans)，又称番茄疫病、黑炭元、过火风，该病流行性很强，破坏性很大，常造成 20%～30% 减产。番茄的抗晚疫病由受单基因控制的质量性状和受多基因控制的数量性状控制。目前已找到一些抗病基因及与番茄抗晚疫病紧密连锁的分子标记。但由于它们易受环境的影响和晚疫病菌变异较快，导致抗病基因很快就会失效；同时由于抗病基因的连锁现象，把抗病基因应用到抗病育种中也十分困难。

6. 白粉病 该病是真菌性病害，病原为鞑靼内丝白粉菌（*Leveillula taurica*），是番茄的一种主要病害，在露地和保护地均易发生，引起植株早衰死亡。由于白粉病病原属于严格的专性寄生菌，不能独立培育，因此迄今为止未能培育出较好的具有白粉病抗性的樱桃番茄品种。

7. 叶霉病 该病是真菌性病害，病原为番茄叶真菌（*Cladosporium fulvum*），又称黑霉病，是樱桃番茄保护地栽培的重要叶部病害。尤以湿度大、夜温高时易发病。阴雨天气，室内通风不良，室内湿度大或光照弱时，该病扩展迅速。目前已经发现了至少有 24 个番茄叶霉病抗性基因，分别为 *Cf-1*、*Cf-2*、*Cf-3*……*Cf-24*。利用最广泛的是 *Cf-5* 和 *Cf-9*，抗病基因 *Cf-5*、*Cf-9*、*Cf-11* 和 *Cf-19* 对我国叶霉菌有较强的抗性，但由于病原菌生理小种分化，能用于农业生产的 *Cf* 基因越来越少。

8. 枯萎病 该病的病原菌有真菌型和细菌型两种，真菌型病原菌为番茄尖镰孢菌番茄专化型（*Fusarium oxysporum* f. sp. *lycopersici*），枯萎病又称半边枯，萎蔫病，是番茄重要的土传病害。主要危害茎部维管束，在作物花期或结果期开始发病。目前已经发现的番茄枯萎病致病生理小种有 3 种，分别为 1 号、2 号和 3 号。已经被鉴定出来的枯萎病抗病基因有 *I*、*I-1*、*I-2* 和 *I-3*，具有抗病基因 *I* 和 *I-1* 的生理小种 1 号显示出抗性，而生理小种 *2* 号又能有效地阻止抗病基因 *I* 和 *I-1* 的表达。国外育种专家已经将抗病基因 *I-2* 和 *I-3* 转移到了番茄中，形成了新的品系，而我国大部分番茄品种还是只含有抗病基因 *I-1*。

9. 根结线虫病　该病是根结线虫寄生于根系引起的，病原为南方根结线虫（*Meloidogyne incognita*），是樱桃番茄一种重要的根部病害。主要从番茄地下根部开始，植株的须根系和侧根系首先受到侵染且一般受害较严重，其次是主根。至今为止在野生番茄中已经发现 9 个对番茄抗根结线虫病有抗性的基因，依次是 *Mi-1*、*Mi-2*……*Mi-9*，*Mi-1* 至 *Mi-9* 被统称为 *Mi* 基因家族。目前我国利用最为广泛的基因是 *Mi-1* 基因，但是由于其属于温敏型基因，所以土壤温度升高时则无法显示出抗病性。并且少数区域根结线虫已经变异，只依靠 *Mi-1* 基因还远远不能达到彻底防控的效果。

（三）广东樱桃番茄主要病害情况

广东省属于热带亚热带气候，常年高温高湿，主要病害有病毒病、青枯病、细菌性髓部坏死病、晚疫病、白粉病、枯萎病等，给生产造成较大损失，特别是春季青枯病和秋季病毒病严重时可造成绝收。目前生产上主栽品种为千禧，该品种对青枯病抗性不高，所以采用综合防控措施，如水旱轮作、嫁接等。但是对于病毒病及其他病害如细菌性髓部坏死病、枯萎病等的抗性仍需提升，因此抗性品种研发和选育仍为未来樱桃番茄新品种选育的重点。

（李艳红）

第二节
品种的种类及选择标准

一、品种分类

樱桃番茄是番茄属栽培变种，几乎全球均有分布，樱桃番茄品种的数量不断增加，通常生产上有以下几种分类。

（一）按照果实成熟后颜色分类

1. 鲜红色樱桃番茄 樱桃番茄果实果皮颜色为黄色，果肉颜色为红色，与类胡萝卜素的大量积累有关。果实成熟后为鲜红色，色泽靓丽，如釜山88。

2. 粉红色樱桃番茄 樱桃番茄果实果皮颜色为无色，果肉颜色为红色，为果皮组织的细胞中缺乏黄色的黄酮类色素引起，果实成熟后为粉红色，如千禧、浙樱粉1号。

3. 黄色樱桃番茄 樱桃番茄果实果皮颜色为黄色，果肉颜色为黄色，并由于果实中黄色的类胡萝卜素含量减少，果实成熟后为黄色，如粤科达101、夏日阳光。

4. 橘黄色樱桃番茄 樱桃番茄果实果皮颜色为无色，果肉颜色为黄色，并且由于果实中番茄红素的减少，类胡萝卜素含量的增加，果实成熟后为橘黄色，如粤科达701、金妃。

5. 绿色樱桃番茄 樱桃番茄果实果皮颜色为无色，果肉颜色为绿色，果肉颜色绿色相对红色为隐性性状，绿果的果肉颜色遗传由两对基因控制。如绿宝石、粤科达401。

6. 白色樱桃番茄 樱桃番茄果实果皮颜色为无色，果肉颜色为白色，果实成熟后白色，含有其他番茄品类所不具备的多氢番茄红素。如白玉香妃、白天使等。

7. 黑色樱桃番茄　樱桃番茄果实果皮颜色为无色，果肉颜色为紫褐色，由红色的类胡萝卜素和绿色的叶绿素积累而成，果实成熟后为紫褐色，如黑珍珠、紫霞仙子。

（二）按照生长类型分类

樱桃番茄生产中根据生长习性分类，可分为无限生长型和有限生长型。

1. 无限生长型　又称"非自封顶"番茄，这一类型的主要特征是顶端生长点不断生长，植株高大，每隔 3 片叶着生一个花序，生长期长。如千禧、粤科达 101。

2. 有限生长型　又称"自封顶"番茄，这一类型的主要特征是植株生长到一定高度后封顶，生长点分化成花序，不再向上生长，生长高度有限，植株较矮，一般间隔 1～2 片叶着生一个花序，生长期短，结果比较集中，叶片光合能力强，如红箭。

（三）按照熟性分类

1. 早熟品种　一般第一花序着生在第 6～7 节，成熟期一般为 80～100d。

2. 中熟品种　一般第一花序着生在第 8～9 节，成熟期一般为 110～120d。

3. 晚熟品种　一般第一花序着生在第 10 节以上，成熟期一般为 130d 以上。

二、品种选择

（一）新老品种选择

在选择樱桃番茄品种时很容易出现固守老品种和频繁更换新品种两个极端，品种单一或过于混乱都不利于品种更新或生产管理和销售。其中，由于熟悉老品种的习性，加上老品种种植起来比较稳定，大多种植者不管什么季节、设施条件及市场定位都种植同一个品种。但是在同一个地方经常种植同一个品种，会出现抗性下降、产量和品质下降等问题，导致价格便宜、种植效益降低。

（二）优质樱桃番茄的要求

随着人民生活水平的提高，消费者对水果的品质要求也越来越高，樱桃番茄作为鲜食水果上市，达到优质需要达到以下几个要求：

1. 外观均匀美观　要求同一品种的果实大小均匀一致，色泽鲜艳，串收樱桃番茄果穗需排列整齐。

2. 口感好　要求可溶性固形物含量在 8.5％以上，糖酸比 7～10，味浓，果实脆、不裂果，食用化渣，汁液爆浆感，有香味。

3. 营养物质丰富　维生素 C 含量高，红色果实富含番茄红素且每 100g 果实含量在 8mg 以上，黄色樱桃番茄富含胡萝卜素。

4. 商品性好　樱桃番茄果实成熟后果皮坚韧，不易裂果，耐贮藏、耐长途运输。

（三）根据栽培设施条件选择品种

1. 露地栽培品种选择　露地栽培在自然条件下，受环境因素影响大，要选择叶量多、生长势强的品种。另外需要选择抗病品种，高温干燥和高温高湿等气候条件容易导致病毒病、青枯病的发生和传播，尤其在广东等华南酸性土壤地区，青枯病严重，需要选择抗青枯病品种。因为露地种植抗风险能力低，一般尽量选择早熟品种，使产品尽早上市。

2. 保护地栽培品种选择　保护地栽培在一定程度上摆脱了自然环境条件的限制，抗风险能力好。但光照弱，夏季高温高湿，通风差，容易发生真菌病害，如灰霉病、白粉病、早疫病等。因此应选用耐弱光、耐高温、耐高湿、植株开张度小、叶量相对少、叶片稀、利通风且抗多种保护地常见病害的优质品种。

（四）根据栽培季节选择品种

1. 早春栽培　早春栽培前期气温低、光照弱，后期高温高湿，雨水多。因此一般选择耐寒性强、低温坐果率好、耐弱光的抗病优质品种。此外春季种植需要抢早上市以弥补市场空缺，需要选择早熟品种，可以选择有限生长型利于集中抢早上市。

2. 越夏栽培 夏季因高温多湿、光照强，导致夏季种植樱桃番茄病害重、坐果率低、产量低、转色快、品质差，是樱桃番茄种植淡季，因此越夏种植樱桃番茄需要注意选择耐高温、抗青枯病且后期结果能力强的优质高产品种。

3. 秋冬栽培 秋冬季栽培樱桃番茄，育苗于高温季节栽植，结果期与转色期遇低温。因此要选择苗期耐高温、结果期耐低温、植株抗病毒能力强的品种。

（五）其他注意事项

需要考虑市场定位及其消费习惯。面向采摘、观光科普教育基地的品种需要颜色多样化，选择红、黄等多种颜色，圆、椭圆等多种形状的樱桃番茄品种。针对高端市场，需选择果形美观、萼片厚直、色泽靓丽、果穗排列整齐、可溶性固形物含量高、口感好的优质樱桃番茄品种。

（聂　俊）

第三节
樱桃番茄新品种介绍

一、鲜红色樱桃番茄

粤科达 202

[**品种来源**] 广东省农业科学院设施农业研究所培育的杂交一代。

[**生长类型**] 无限生长型。

[**品种特性**] 果实鲜红有光泽，果型椭长形，未成熟果有绿肩，可溶性固形物含量可达 9.0%以上，口感好，脆甜，裂果少，耐贮运，平均单果重约 16g，多歧花序为主，高产，可串收。抗番茄黄化曲叶病毒病和青枯病。

[**种植方式**] 适合设施和露地栽培。

粤科达 205

[**品种来源**] 广东省农业科学院设施农业研究所培育的杂交一代。

[**生长类型**] 无限生长型。

[**品种特性**] 果实鲜红有光泽，果型椭长形，未熟果实有绿肩，萼片长微翘，可溶性固形物含量可达 8.5%以上，单果重 16～18g，多歧花序为主，高产。抗番茄黄化曲叶病毒病和番茄花叶病。

[**种植方式**] 适合设施和露地栽培。

中樱 6 号

[品种来源] 中国农业科学院培育的杂交一代。

[生长类型] 无限生长型。

[品种特性] 早中熟，植株长势旺盛。果实红色，色泽亮丽，果型圆形至高圆形，未成熟果有绿肩，口感好，品质佳，平均单果重约 20g，果穗整齐，坐果好。抗番茄黄化曲叶病毒病和根结线虫病。

[种植方式] 适合设施和露地栽培。

美小红

[品种来源] 山东省农业科学院蔬菜研究所培育的杂交一代。

[生长类型] 无限生长型。

[品种特性] 生长势强，叶色深绿，节间较短，株幅较大。果实亮红色，果型卵圆形，丰满圆整，未成熟果有绿肩，萼片持绿，可溶性固形物含量可达 9.5％以上，口感好，味美汁多，风味独特，平均单果重 12g 以上，花序中等，穗形规则且多分枝，坐果好，平均每花序 15 果以上。抗番茄黄化曲叶病毒病，综合抗性强。

[种植方式] 可进行保护地长季节栽培。

红串 132

[品种来源] 西安金鹏种苗有限公司培育的杂交一代。

[生长类型] 无限生长型。

[品种特性] 长势中等，叶量中等。果实红色，色泽鲜亮，大小均匀，果型中椭圆，未成熟果带绿果肩，口感酸甜，有风味，耐裂性好，单果重 16～21g，花穗整齐，每序花着果 14～18 个，产量高，可串收。适应性好。

[种植方式] 适合北方越冬、早春保护地栽培。

京番红星 1 号

[品种来源] 北京市农林科学院蔬菜研究所培育的杂交一代。

[生长类型] 无限生长型。

[品种特性] 早熟,长势强。果实红色,果型短椭圆形,色泽亮,萼片美观,口味甜,硬度高,不裂果,单果重20～30g,连续坐果能力强,每穗坐果数12～18个,既可单果采收也可成串采收。具有抗番茄黄化曲叶病毒病 $Ty1$ 基因位点、抗番茄花叶病毒病 $Tm2a$ 基因位点、抗根结线虫病 $Mi1$ 基因位点、抗叶霉病 $Cf9$ 基因位点。

[种植方式] 适合春秋及北方越冬等保护地或露地种植。

红樱1号

[品种来源] 广州市农业科学研究院培育的杂交一代。

[生长类型] 无限生长型。

[品种特性] 早熟。果实鲜红,果型椭圆,脐尖,未成熟果有绿肩,可溶性固形物含量7%～8%,硬度高,较耐裂果,耐贮性好,品质优,平均单果重约20g,第一花序着生于第10～11节,以后每隔2～3节着生1花序,每花序结果12～24个,高产。播种至初收94～103d,延续采收35～55d,耐热性、耐寒性、耐旱性强,抗青枯病、病毒病。

[种植方式] 适合全国越冬、早春保护地栽培。

糖小豆

[品种来源] 珠海华发集团引进的欧系樱桃番茄杂交一代。

[生长类型] 无限生长型。

[品种特性] 长势强,果实鲜红色,果型长椭圆形,口感鲜甜,不易裂果,耐贮运,货架期长,单果重8～12g,单收。

[种植方式] 适合保护地和露地种植。

初甜小番

[品种来源] 珠海华发集团引进的欧系樱桃番茄杂交一代。

[生长类型] 无限生长型。

[**品种特性**] 果实红色，果型圆形，爆浆感强，酸甜适口，风味好，品质佳。单果重 12～16g，果穗排列整齐、美观、成鱼骨状，可串收、单收。

[**种植方式**] 适合保护地种植。

小甜甜

[**品种来源**] 广州鸿海种业有限公司培育的杂交一代樱桃番茄品种。

[**生长类型**] 无限生长型。

[**品种特性**] 叶色绿，生长势强。果实红色，色泽鲜亮，果型椭圆形，未成熟果有绿肩，萼片平直美观，果皮较薄，可溶性固形物含量可达 9% 以上，有果香味，平均单果重 16～20g，连续坐果能力强，产量高。抗番茄黄化曲叶病毒病、根结线虫（Mi1－2）、叶霉病（Cf5）、黄萎病、疮痂病等，耐寒性较好。

[**种植方式**] 适合南方、北方保护地、露地春秋种植。

亚蔬 18 号

[**品种来源**] 广州亚蔬园艺种苗有限公司培育的杂交一代。

[**生长类型**] 无限生长型。

[**品种特性**] 叶片厚绿，长势强。果色大红亮丽，果型短椭圆形，精致、大小均匀，未成熟果微绿肩，萼片平直美观，果肉饱满多汁，鲜甜，原始风味浓，耐裂，耐贮运，可溶性固形物含量可达 10.0% 以上，平均单果重 15～20g，多丛花序为主，连续坐果能力强，单穗结果 20～25 个，可单果采收也可成穗采收。抗黄化曲叶病毒病，中抗枯萎病、叶霉病、根结线虫。

[**种植方式**] 适合南方、北方保护地、露地春秋种植。

红箭

[**品种来源**] 广东科农蔬菜种业有限公司培育的杂交一代。

[**生长类型**] 有限生长型（高封顶）。

[品种特性] 早熟，长势好。熟果鲜红，有光泽，果型长椭圆形，肉厚，硬度好，爽口，风味佳，单果重 12g 左右，单或复总状花序，分枝不多，坐果多，每个花序着果 20 个左右。从播种到初收，春播 110d，秋播 80d。耐青枯病、抗枯萎病和病毒病。

[种植方式] 适合露地栽培和无土栽培。

圣女

[品种来源] 台湾农友种苗（中国）有限公司培育的杂交一代。

[生长类型] 无限生长型。

[品种特性] 早熟，植株高大。果面红亮，果型近椭圆形，可溶性固形物含量可达 10%，果肉多，不易裂果，风味好，平均单果重约 14g。耐热，抗病毒病、叶斑病、晚疫病，耐贮运。

[种植方式] 适合露地栽培和无土栽培。

凤珠

[品种来源] 台湾农友种苗（中国）有限公司培育的杂交一代。

[生长类型] 无限生长型。

[品种特性] 成熟果红色，果型长椭球形，皮薄，肉质细致，可溶性固形物含量可达 9.6%，风味佳，脆爽，单果重约 16g。

[种植方式] 适合露地栽培和无土栽培。

格蕾丝

[品种来源] 以色列海泽拉公司培育的杂交一代。

[生长类型] 无限生长型。

[品种特性] 果实红色，果型椭圆形，可溶性固形物含量可达 8.0%以上，口感适中，平均单果重约 18g，单式花序为主，适合串收。

[种植方式] 适合保护地栽培。

圣珀洛番茄

[品种来源] 法国 Gautier 种子公司培育的杂交一代。

[生长类型] 无限生长型。

[品种特性] 植株生长平衡。果实鲜红，色泽光亮，口感佳，甜酸平衡，平均单果重 13～15g，每穗可留 12～14 个果，适合串收。

[种植方式] 适用于无土栽培和有机生产。

索伦蒂诺番茄

[品种来源] 法国 Gautier 种子公司培育的杂交一代。

[生长类型] 无限生长型。

[品种特性] 植株强壮且平衡。果实红色，色泽鲜亮，着色良好，保鲜度高，口感佳，高糖度，平均单果重 13～15g，每串可留 12～14 个果实。

[种植方式] 适合南北方春秋保护地或露地种植。

特美瑞（72－191）

[品种来源] 荷兰瑞克斯旺种苗集团公司培育的杂交一代。

[生长类型] 无限生长型。

[品种特性] 植株长势旺盛，节间长。果实红色，色泽鲜亮，果型圆形，平均单果重约 20g，适合串收。

[种植方式] 适合保护地长季节栽培。

寨尼瑞（72－192）

[品种来源] 荷兰瑞克斯旺种苗集团公司培育的杂交一代。

[生长类型] 无限生长型。

[品种特性] 植株长势旺盛，节间长。果实红色，颜色鲜亮，果型圆形，平均单果重约 20g，适合串收。

[种植方式] 适合保护地长季节栽培。

阿鲁（72－193）

[品种来源] 荷兰瑞克斯旺种苗集团公司培育的杂交一代。

[生长类型] 无限生长型。

[品种特性] 植株长势旺盛,节间长。果实红色,颜色鲜亮,果型圆形,平均单果重约11g,适合单收。

[种植方式] 适合北方日光温室冬春季节、南方拱棚冬春季节栽培。

福特斯 (72-152)

[品种来源] 荷兰瑞克斯旺种苗集团公司培育的杂交一代。

[生长类型] 无限生长型。

[品种特性] 早熟,植株健壮。果实红色,色泽鲜亮,果型圆形,果穗排列整齐,口味佳,平均单果重10g以上,单果采收为主,也可成串采收。抗斑萎病毒病、黄化曲叶病毒病、耐根结线虫。

[种植方式] 适合早春、早秋和秋冬保护地种植。

釜山88

[品种来源] 韩国世农种业公司培育的杂交一代。

[生长类型] 无限生长型。

[品种特性] 中早熟,长势旺。成熟果红色,光泽度好,转色均匀,果型短椭圆形,酸甜可口,有香味,口感佳,硬度好,耐贮运,单果重20g左右,花多,坐果力好,产量高。耐低温弱光环境。

[种植方式] 适合南北方春秋保护地或露地种植。

二、粉红色櫻桃番茄

粤科达304

[品种来源] 广东省农业科学院设施农业研究所培育的杂交一代。

[生长类型] 无限生长型。

[品种特性] 早熟。果实粉红色，有光泽，果型稍椭，未成熟果有绿肩，萼片长且直，可溶性固形物含量可达8.6％以上，口感好，酸甜可口，番茄味浓，裂果少，耐贮运，平均单果重约16g，多歧花序为主，高产，可串收。抗病性强，特别是抗番茄黄化曲叶病毒病和青枯病，具有抗番茄黄化曲叶病毒 TY1、TY3 基因位点，抗青枯病 BW12 基因位点，抗烟草花叶病毒 Tm2a 基因位点。

[种植方式] 适合设施和露地栽培。

浙樱粉 1 号

[品种来源] 浙江省农业科学院培育的杂交一代。

[生长类型] 无限生长型。

[品种特性] 早熟，生长势强。果实粉红色，着色一致，色泽好，商品性佳，果型圆形，未成熟果有绿肩，可溶性固形物含量可达9％以上，总氨基酸含量1.07％以上，糖酸比合理，鲜味足，口感丰富，平均单果重约18g，始花节位7叶，总状或复总状花序，具有单性结实特性，连续坐果能力强。综合抗病、抗逆性好，高温条件下坐果率高，抗番茄花叶病毒病、灰叶斑病和枯萎病。

[种植方式] 适合南北方春秋保护地或露地种植。

青农 2226

[品种来源] 青岛农业大学园艺学院培育的杂交一代。

[生长类型] 无限生长型。

[品种特性] 普通叶，绿色叶片，长势中等。果实粉红色，色泽鲜亮，果型高圆形，未成熟果有绿肩，萼片上竖，果皮中等厚度，可溶性固形物含量可达9.3％以上，口感酸甜，有香味，较耐贮运，平均单果重约20g，多歧花序为主，连续坐果能力强，每穗坐果15～20个。抗烟草花叶病毒病、番茄黄化曲叶病毒病、根结线虫等。

[种植方式] 适合南方露地和北方保护地种植。

青农 2018

[品种来源] 青岛农业大学园艺学院培育的杂交一代。

[生长类型] 无限生长型。

[品种特性] 普通叶，绿色叶片，长势中等。果实粉红色，色泽鲜亮，果型圆形略高，未成熟果有绿肩，萼片平展，果皮中等厚度，果肉软糯，可溶性固形物含量可达 9.0% 以上，口感酸甜适中，有香味，较耐贮运，平均单果重约 20g，多歧花序为主，连续坐果能力强，每穗坐果 15～20 个。抗烟草花叶病毒病、根结线虫等。

[种植方式] 适合南方露地和北方保护地种植。

粉禧

[品种来源] 山东省农业科学院蔬菜研究所培育的杂交一代。

[生长类型] 无限生长型。

[品种特性] 生长势强，叶色深绿，节间短，株幅适中。果实粉色，果型圆形，未成熟果有绿肩，果皮薄，可溶性固形物含量可达 9.5% 以上，口感佳，果汁丰富，风味独特，平均单果重约 15g，花序中等，坐果好，平均每花序 12 果以上，穗内果大小均匀。抗番茄黄化曲叶病毒病，综合抗性强。

[种植方式] 适合保护地栽培。

粉妹 2 号

[品种来源] 西安金鹏种苗有限公司培育的杂交一代。

[生长类型] 无限生长型。

[品种特性] 早熟，叶色浓绿，生长势强。果实粉红色，色泽鲜亮，着色一致，大小均匀，果型圆球形，未成熟果淡绿色，有绿果肩，可溶性固形物含量可达 10% 以上，风味品质佳，硬度、耐裂性均好，单果重 16～20g，复总状花序为主，每花序花数 15～20朵，连续坐果能力强。综合抗病抗逆能力强，抗线虫。

[种植方式] 适合北方越冬、早春保护地栽培。

京番粉星 1 号

[**品种来源**] 北京市农林科学院蔬菜研究所培育的杂交一代。

[**生长类型**] 无限生长型。

[**品种特性**] 早熟。果实粉色，果型圆形，有绿肩，萼片美观，甜度高，硬度好，风味佳，单果重 16～20g，每穗坐果 12～20 个。具有抗番茄黄化曲叶病毒病 $Ty1$ 和 $Ty3a$ 基因位点、抗根结线虫病 Mil 基因位点、抗番茄花叶病毒病 $Tm2a$ 基因位点、抗叶霉病 $Cf9$ 基因位点、抗灰叶斑病 Sm 基因位点、抗番茄斑萎病毒病 $Sw5$ 基因位点、抗番茄晚疫病 $Ph3$ 基因位点、抗茎基腐病 $Fcrr$ 基因位点、抗枯萎病 $I2$ 基因位点等。

[**种植方式**] 适合春秋保护地兼露地种植。

京番粉星 2 号

[**品种来源**] 北京市农林科学院蔬菜研究所培育的杂交一代。

[**生长类型**] 无限生长型。

[**品种特性**] 早熟。果实粉色，果型椭圆带尖，萼片美观，甜度高，硬度好，风味佳，单果重 20～25g，每穗坐果 12～18 个，既可单果采收也可成串采收。具有抗根结线虫病 Mil 基因位点。

[**种植方式**] 适合北方春秋保护地或南方露地种植。

千禧

[**品种来源**] 台湾农友种苗（中国）有限公司培育的杂交一代。

[**生长类型**] 无限生长型。

[**品种特性**] 果实粉红色，果型近椭圆形，未成熟果有绿肩，萼片较好，可溶性固形物含量可达 9.6%，风味佳，单果重约 20g，多歧花序为主，高产。番茄红素含量 0.066 5mg/g，维生素 C 含量 0.312mg/g。抗黄瓜花叶病毒病（CMV），抗番茄叶霉病，中抗烟草花叶病毒病，中抗番茄枯萎病，抗番茄黄化曲叶病毒病，抗番茄根结线虫。

[**种植方式**] 适合南北方春秋保护地或露地种植。

粉娘

[品种来源] 日本坂田种苗公司培育的杂交一代。

[生长类型] 无限生长型。

[品种特性] 中早熟，生长旺盛。果实深粉红色，具有半透明质感，果型正圆形，萼片翠绿伸展呈大五角星状，糖度高、风味浓、口感特佳，硬度较好，耐贮运，平均单果重约 30g，单穗结果 20～40 个。抗晚疫病、叶霉病、脐腐病、根结线虫病、枯萎病。

[种植方式] 适合春秋保护地或露地种植。

邦尼-圣尼斯

[品种来源] 荷兰瑞克斯旺种苗集团公司培育的杂交一代。

[生长类型] 无限生长型。

[品种特性] 长势旺。果实深粉色，果型长椭圆形，大小整齐，中早熟，萼片肥厚、不易脱萼，风味好，酸甜适口，硬度较好，耐裂、耐贮运，单果重 16～18g，连续坐果能力强，高产。高抗番茄灰叶斑病、番茄花叶病毒，中抗番茄黄化曲叶病毒病、南方根结线虫。

[种植方式] 适合南北方春秋保护地或露地种植。

三、黄色樱桃番茄

粤科达 101

[品种来源] 广东省农业科学院设施农业研究所培育的杂交一代。

[生长类型] 无限生长型。

[品种特性] 普通叶，叶色浅绿，长势强。果实黄色，色泽鲜亮，果高圆形，未成熟果有绿肩，萼片平直美观，果皮较薄，可溶性固形物含量可达 9.5% 以上，口感酸甜适中，有香味，裂果少，耐贮运，平均单果重约 18g，多歧花序为主，连续坐果能力强，果穗大，每穗坐果 20～30 个，高产，可单果采收，也可成穗采收。抗烟草花叶病毒病（TMV）、枯萎病、根结线虫等。

[种植方式]适合保护地、露地春秋种植。

粤科达 105
[品种来源]广东省农业科学院设施农业研究所培育的杂交一代。
[生长类型]无限生长型。
[品种特性]果实黄色,果型圆正,未熟果实有绿肩,可溶性固形物含量可达 9.0% 以上,单果重 15～17g,多歧花序为主,高产。抗番茄黄化曲叶病毒病、烟草花叶病毒病、黄瓜花叶病毒病中抗番茄青枯病。
[种植方式]适合设施和露地栽培。

金夏
[品种来源]山东省农业科学院蔬菜研究所培育的杂交一代。
[生长类型]无限生长型。
[品种特性]生长势强,叶色绿,节间较长,株幅较大。果实黄色,果型卵圆形,丰满圆整,未成熟果有绿肩,果实品质好,果肉软而无渣,可溶性固形物含量可达 9.5% 以上,平均单果重约 15g,花序大且多分枝,坐果率高,平均每花序可坐果 15～20 个。抗番茄黄化曲叶病毒病。
[种植方式]可进行保护地长季节及露地栽培。

小皇冠 58 号
[品种来源]西安金鹏种苗有限公司培育的杂交一代。
[生长类型]无限生长型。
[品种特性]果实深黄色,色泽、亮度好,大小均匀,果型短椭圆形,未成熟果带绿果肩,可溶性固形物含量可达 9.6% 以上,口感好,风味足,硬度较好,单果重 13～20g,多复状花序,花穗略不紧凑,第一穗坐果 10～16 个,第二、三穗果 14～18 个,产量高。
[种植方式]适合北方越冬、早春保护地栽培。

京番黄星 1 号

[**品种来源**] 北京市农林科学院蔬菜研究所培育的杂交一代。

[**生长类型**] 无限生长型。

[**品种特性**] 早熟，长势强。果实黄色，果型长椭圆形，色泽亮，萼片美观，口味超甜，风味浓，硬度高，不裂果，单果重 18～25g，每穗坐果 12～16 个，既可单果采收，也可成串采收。具有抗番茄花叶病毒病 $Tm2a$ 基因位点、抗番茄斑萎病毒病 $Sw5$ 基因位点、抗番茄晚疫病 $Ph3$ 基因位点。

[**种植方式**] 适合保护地或露地种植。

京番黄星 7 号

[**品种来源**] 北京市农林科学院蔬菜研究所培育的杂交一代。

[**生长类型**] 无限生长型。

[**品种特性**] 早熟，长势强。果实正黄，色泽靓丽，果型圆形，萼片美观，口味甜，风味浓，硬度高，单果重 15～20g，每穗坐果 12～16 个。具有抗番茄黄化曲叶病毒病 $Ty1$ 和 $Ty3a$、抗根结线虫病 $Mi1$、抗斑萎病毒病 Sw-5、抗晚疫病 Ph-3 等基因位点。

[**种植方式**] 适合北方保护地或南方露地栽培。

卡瓦 Q 蜜

[**品种来源**] 珠海华发集团引进的欧系樱桃番茄杂交一代。

[**生长类型**] 无限生长型。

[**品种特性**] 果实黄色，果型圆形，果皮薄，口感酸甜适口，单果重 12～16g，可串收或单收。

[**种植方式**] 适合春秋保护地延长种植。

冰黄翡翠

[**品种来源**] 绿亨科技集团股份有限公司培育的杂交一代。

[**生长类型**] 无限生长型。

[**品种特性**] 普通叶，叶片中等绿色，长势强。成熟果实色泽

亮黄，果型椭圆形，果肩部常见一点红，晶莹剔透，肉质柔软，皮薄耐裂，未成熟果无绿肩，可溶性固形物含量可达 10% 左右，口感酸甜，单果重 15g 左右，多歧花序为主。抗烟草花叶病毒、根结线虫等。

[种植方式] 适合北方地区春秋保护地茬口，南方地区秋冬露地茬口及春秋拱棚茬口种植。

金金 1101 番茄

[品种来源] 广东省良种引进公司培育的杂交一代口感型樱桃番茄。

[生长类型] 无限生长型。

[品种特性] 植株生长势强壮，果实金黄色有光泽，果型圆形，大小均匀，商品性状好，萼片浓绿、舒展，成熟果高约 3.3cm，果宽约 2.8cm，可溶性固形物含量可达 10%，皮薄，汁多，口感极佳，单果重 18～22g，复总状花序为主，坐果能力强，单穗可坐果15～20 个。

[种植方式] 华南地区适合秋季播种，珠三角地区建议 8 月 10日至 9 月 5 日播种，其他区域应根据试验结果及当地栽培习惯选择最佳播期。

印象夏日

[品种来源] 广州鸿海种业有限公司培育的杂交一代。

[生长类型] 无限生长型。

[品种特性] 中熟，植株长势较旺。果实亮黄色，果型圆形，晶莹剔透，肉质细嫩清甜，水分充足，硬度好，保鲜期长，平均单果重 18～25g，花序大，花量多，坐果能力强，每穗果可达 16 个以上，产量高，呈葡萄式生长（串收），亩产量一般在 2 500～3 000kg。综合抗性强，耐低温能力弱，是采摘农场高端鲜食小樱桃番茄优良品种。

[种植方式] 秋冬栽培需要温室或大棚等保温防冻措施。

夏日阳光

[**品种来源**] 以色列海泽拉公司培育的杂交一代。

[**生长类型**] 无限生长型。

[**品种特性**] 中晚熟，植株健壮。果实亮黄，果型圆球形，可溶性固形物含量 9.5％左右，脆甜无渣，口感佳，平均单果重 12～20g，高产，货架期 12～15d。抗黄萎病、枯萎病、番茄花叶病毒病。

[**种植方式**] 适合越冬长茬或春季种植。

马吉诺（72－195）

[**品种来源**] 荷兰瑞克斯旺种苗集团公司培育的杂交一代。

[**生长类型**] 无限生长型。

[**品种特性**] 果实黄色，颜色鲜亮，耐贮运，平均单果重约10g，单果采收。抗番茄花叶病毒病、枯萎病、根腐病。

[**种植方式**] 适合春秋保护地或露地种植

黄妃

[**品种来源**] 日本金子公司培育的杂交一代。

[**生长类型**] 无限生长型。

[**品种特性**] 早熟，生长势强。果实黄色，果型椭圆形，果实硬度中等，可溶性固形物含量可达 10％左右，风味浓、口感佳，平均单果重 12～14g，单穗坐果 15～20 个。适应性好，较抗灰霉病。

[**种植方式**] 适合春秋保护地或露地种植。

四、橘黄色樱桃番茄

粤科达 701

[**品种来源**] 广东省农业科学院设施农业研究所培育的杂交一代。

[**生长类型**] 无限生长型。

[**品种特性**] 果实橙黄色，色泽靓丽，果型椭圆，可溶性固形

物含量可达 9.0%以上，口感好，裂果少，耐贮运，单果重 16～20g，高产，多歧花序为主，适合串收。抗黄瓜花叶病毒病、烟草花叶病毒病、叶霉病、枯萎病等。

[种植方式] 适合保护地、露地种植。

金妃

[品种来源] 台湾农友种苗（中国）有限公司培育的杂交一代。

[生长类型] 无限生长型。

[品种特性] 成熟果橙色，肉质爽脆，果型长椭球形，可溶性固形物含量可达 10%，风味佳，单果重 17g 左右，结果力强，产量高。耐枯萎病（$Race-1$）。

[种植方式] 适合春秋保护地或露地种植。

五、绿色樱桃番茄

粤科达 401

[品种来源] 广东省农业科学院设施农业研究所培育的杂交一代。

[生长类型] 无限生长型。

[品种特性] 长势旺。果实绿色，果型圆形，未成熟果有绿肩，可溶性固形物含量可达 8.0%以上，口感好，平均单果重约 20g，多歧花序为主，高产。

[种植方式] 适合南方春秋保护地或露地种植。

京番绿星 3 号

[品种来源] 北京市农林科学院蔬菜研究所培育的杂交一代。

[生长类型] 无限生长型。

[品种特性] 果实绿色，果型圆形，萼片美观，口味酸甜，风味浓，较耐裂，单果重 20～25g，每穗坐果 12～18 个。具有抗番

茄花叶病毒病 $Tm2a$ 基因位点、抗斑萎病毒病 $Su5$ 基因位点、抗晚疫病 $Ph3$ 基因位点,

[种植方式] 适合北方保护地或南方露地栽培。

六、黑色樱桃番茄

粤科达 501

[品种来源] 广东省农业科学院设施农业研究所培育的杂交一代。

[生长类型] 无限生长型。

[品种特性] 果实咖啡色,果型圆正,未成熟果有绿肩,可溶性固形物含量可达 7.5% 以上,含水量多,平均单果重约 20g,多歧花序为主,高产。抗病。

[种植方式] 适合南方春秋保护地或露地种植。

紫霞仙子

[品种来源] 山东省农业科学院蔬菜研究所培育的杂交一代。

[生长类型] 无限生长型。

[品种特性] 生长势强,叶色深绿,节间较长,株幅较大,株间透性一般。果实咖啡紫色,果型卵圆形,未成熟果有绿肩,果皮薄,可溶性固形物含量可达 9.0% 以上,口感佳,果汁丰富,酸甜可口,平均单果重约 15g,花序较大,穗形规则且多分枝,坐果好,平均每花序 20 果以上,穗内果大小均匀。综合抗性强。

[种植方式] 适合保护地栽培。

京番紫星 2 号

[品种来源] 北京市农林科学院蔬菜研究所培育的杂交一代。

[生长类型] 无限生长型。

[品种特性] 果实紫黑色,果型正圆形,萼片美观,果皮韧性好,耐裂,汁多,口味酸甜,单果重 16～20g,每穗坐果 10～18

个。具有抗斑萎病毒病 $Sw5$ 基因位点、抗晚疫病 $Ph3$ 基因位点。

[种植方式] 适合北方保护地或南方露地栽培。

京番黑罗汉番茄（珍稀黑果）

[品种来源] 北京市农林科学院蔬菜研究所培育的杂交一代。

[生长类型] 无限生长型。

[品种特性] 果色黑亮，圆果形，受阳光诱导，口感硬脆，可切片食用，单果重 20~30g，单穗坐果 8~18 个。

[种植方式] 适合高端生态园区和高档即食餐饮市场。

紫樱 1 号

[品种来源] 广州市农业科学研究院培育的杂交一代。

[生长类型] 无限生长型。

[品种特性] 早熟。果实棕紫色，果型长圆形，未成熟果有绿肩，可溶性固形物含量 9%~11%，果偏软、品质优，口感好，较耐裂果，平均单果重约 17.5g，第一花序着生于第 9~10 节，以后每隔 3 节着生 1 花序，每花序结果 18~36 个，高产。播种至初收88~98d，延续采收 40~60d，田间表现耐热性、耐寒性、耐旱性强，抗番茄黄化曲叶病毒和青枯病。

[种植方式] 适合南方春秋保护地或露地种植。

七、其他颜色樱桃番茄

粤科达 601

[品种来源] 广东省农业科学院设施农业研究所培育的杂交一代。

[生长类型] 无限生长型。

[品种特性] 果皮有花纹，红绿相间，果型椭圆形，可溶性固形物含量可达 7.5%以上，含水量多，平均单果重约 18g，多歧花序为主，高产，抗病。

[种植方式] 适合设施和露地栽培。

京番彩星 1 号

[**品种来源**] 北京市农林科学院蔬菜研究所培育的杂交一代。

[**生长类型**] 无限生长型。

[**品种特性**] 早熟。果实暗红纹底间绿色条纹，彩色独特，色泽亮，果型短椭圆，萼片平展，果肉紫红色，口味甜，风味浓郁，硬度高，单果重 20～25g，连续坐果能力强，每穗坐果 10～16 个，既可单果采收，也可成串采收。具有抗根结线虫病 *Mil* 基因位点。

[**种植方式**] 适合春秋保护地种植。

京番蓝精灵

[**品种来源**] 北京市农林科学院蔬菜研究所培育的杂交一代。

[**生长类型**] 无限生长型

[**品种特性**] 中晚熟，长势旺。幼果果实颜色为靓丽的天蓝色，随着成熟果实颜色渐变为黑红色，果型高圆形，果皮韧性好，耐裂，口味甜，具有番茄原始风味，单果重 20～25g，每穗坐果 10～20 个。具有抗斑萎病毒病 *Sw5* 基因位点、抗晚疫病 *Ph3* 基因位点、抗细菌性斑点病 *Pto* 基因位点等。

[**种植方式**] 适合北方保护地或南方露地栽培。

京番绿精灵

[**品种来源**] 北京市农林科学院蔬菜研究所培育的杂交一代。

[**生长类型**] 无限生长型。

[**品种特性**] 果实颜色呈现特异的绿底黄绿彩条相间的花纹，果型长椭圆，萼片厚实平展，果皮韧性好，耐裂，果肉晶莹翠绿，肉质软糯，猕猴桃风味，可以剥皮食用，单果重 20～30g，每穗坐果 6～10 个。

[**种植方式**] 适合北方保护地或南方露地栽培。

（郑锦荣、陈嘉婷）

第三章

樱桃番茄新技术

第一节

华南型樱桃番茄工厂化 (水培) 生产技术

我国华南地区地处热带、亚热带, 阳光充沛, 常年气候温暖, 特别是秋冬季适合樱桃番茄生长, 近几年华南地区樱桃番茄的种植面积迅速扩大, 然而生产上仍存在不少问题。首先是由于华南地区高温高湿, 特别是夏秋季台风暴雨较多, 导致病虫害严重, 尤其是青枯病、病毒病等严重发生。青枯病是一种细菌性土传病害, 喜欢高温高湿环境, 是毁灭性病害, 容易造成大面积发病死亡。如海南省陵水地区, 近几年樱桃番茄青枯病大面积发生造成农户重大损失, 种植面积也不断减少; 云南元谋地区近几年樱桃番茄病毒病连片发生给当地生产造成重大影响。市场经济发展需要高品质且周年供应的产品, 所以发展樱桃番茄生产必须依靠现代技术, 特别是设施农业技术、无土栽培技术等, 从而降低环境的影响, 解决土传病害及病毒病等问题, 提高产品质量及周年供应。

设施农业技术要求高、设施投入大, 在南方地区必须能防御台风等恶劣天气, 经营成本高, 所以必须从设施设备、专用品种到种植模式等方面集成创新出适合华南地区气候特点且低成本、低能耗、高产出的工厂化关键技术, 以此来提高种植效益。

广东省农业科学院相关专家团队针对以上问题开展相关研究, 从 20 世纪末开始探索樱桃番茄水培技术, 结合近几年最新科技成果, 团队集成创新出华南型樱桃番茄工厂化 (水培) 技术, 并在生产上大面积示范推广, 取得了良好的社会经济效益。

华南型樱桃番茄工厂化（水培）生产技术是根据动态漂浮栽培原理，结合华南气候特点，利用现代农业数字技术、生物技术等集成创新的关键技术模式。该技术模式包括设施设备、专用品种、营养管理、根际环境调控及周年管理技术，具有技术成熟、可解决生产问题、投入产出比好、低能耗、环境友好、实现可持续发展等特点。

一、技术特点

1. 采用水培技术成功解决了土壤连作障碍，特别是消除了青枯病困扰 青枯病是土传病害，采用水培即用水环境代替土壤进行种植，成功消除了青枯病困扰。而水培技术主要技术难点在于根际氧气供应及温湿度环境调控。水中的氧气供应只有空气的十万分之一，而植物根系需要充足的氧气供应才能维持正常新陈代谢。本技术采用浮板水培，在栽培槽内设置浮板，并在其上铺设无纺布，创造湿润环境，植株根系可附在上面，无纺布在水分作用下产生毛细管作用，水分不断供向植株，同时根系大都露在空气中，从而吸收空气中的游离氧。同时，在营养液池加装加氧装置，提高营养液的氧饱和度，营养液定时流动，从而营造丰氧根际环境，有效解决根际氧气供应，促进根系正常生长。

2. 采用设施农业技术，解决了病毒病等病虫害发生严重问题 采用设施农业技术，特别是保护设施等，结合数字农业技术，对营养液池、栽培床营养液进行全天候 EC 值、pH、温湿度等数据监控，同时对保护设施内光照进行检测，及时调整大棚内环境条件，有效防止高温高湿等恶劣环境出现，且可隔阻外部病虫害的入侵，为植株生长创造良好生长条件。

3. 利用成套集成技术，解决周年生长及品质问题 使用设施设备、专用品种、营养管理及周年管理技术为植株创造良好生长环境，确保作物周年高品质生长。设施设备为作物创造良好生长环境，不受外部恶劣天气因素等影响。专用品种主要是利用可在设施环境中生长良好且品质及产量高的品种。营养管理使作物达到最佳养分供给状态。周年管理技术可依据一年天气变化做好周年耕作安排及相关管理。从这几方面综合利用成套集成技术确保作物周年生长且达到最佳品质。

二、技术用途

1. **高端食品生产种植** 樱桃番茄由于其独特优点已成为高端水果，采用华南型水培模式进行生产，可进一步提高其品质，具体表现在以下几个方面：①果实水分充足，有爆浆感。果实在整个生长过程中充分吸收水分及相关营养元素，果实水分含量高，内含物比例好，有爆浆感，皮感不明显，纤维含量低，没渣质，酸甜可口。②果实外观亮丽。在设施条件下种植，可避免风吹雨打等环境胁迫，果实生长均匀，表面水润光亮，色泽鲜艳。③果实达绿色洁净化。在设施环境下，结合水培技术可使病虫害发生大幅下降。不用或少用农药，果实没有重金属及其他污染物残留，可实现绿色洁净化。

2. **高效都市农业模式** 都市农业既要满足高效生产的功能，还要满足其城市功能即环境功能、生态功能等。采用华南型水培技术种植樱桃番茄，不仅种植环境洁净，而且可采摘鲜食，种植场所可作为休闲场所提供给市民。还可在城市阳台、公园社区、居民楼顶种植，进行创意农业、阳台农业等。

3. **科普教育体验基地** 华南型樱桃番茄工厂化（水培）生产模式由于其生产环境洁净、整个生长过程可视性强等特色，已成为科普教育的理想项目，近几年在大湾区及长三角地区、京津冀等地均建立了较大面积的樱桃番茄种植园，吸引了大量中小学生参观游览。从种植、采摘、加工体验到科普教育，很多师生表示此类科普教育体验基地可展示生物技术、数字技术、物联网技术、机械技术等综合技术，知识面广，还可结合乡村振兴、和美乡村建设展示，科普效果好。

4. 投入产出比好，低成本、低能耗、高产出　设施农业生产投入主要包括设施设备、农业生产资料及劳动力。华南型水培相较于传统的基质栽培技术，在设施方面不需要栽培架及施肥机，农业生产资料方面无须基质，我国优质基质大都需要从国外进口，每亩需成本 3 000～5 000 元。省工即减少劳动力使用，如减少了基质搬运、消毒等工序。结合专用品种如抗逆品种，减少风机水帘的使用，实现低成本、低能耗。在产出方面，可实现周年生产、周年供应，同传统露地栽培相比，其产量可增加 1～2 倍，且果实商品率高、品质好，可实现高产出。

5. 环境友好，可持续发展　与传统基质栽培相比，不存在基质消毒等处理，营养液实现封闭式循环，不对外排放，在生产季结束后营养液基本使用完，不对外造成污染。同时种植全过程没有土传病害，其他病害相对较少，农药使用量大幅减少，产品洁净化，零污染，实现可持续发展。

三、关键技术

华南型樱桃番茄工厂化（水培）生产关键技术包括 5 个方面：设施设备、专用品种、营养管理、根际环境调控及周年种植技术，具体如下：

（一）设施设备

设施设备包括 5 个系统即保护系统、栽培系统、循环系统、控制系统及加氧系统。

1. 保护系统　保护系统有 3 种类型：智能连栋玻璃温室、连栋钢架塑料大棚及简易标准薄膜大棚。

（1）智能连栋玻璃温室。也称自动化温室，配备由计算机控制的电动天窗、内外遮阳系统、保温系统、降温系统等自动化设施，在智能控制方面有采集系统、中心计算机及控制系统。智能连栋玻璃温室功能齐全，但造价较高，随着工业化水平发展，其将成为未来农业温室的主要类型。

在南方地区目前大都采用单脊双坡面"人"字形连栋结构，覆盖 5mm 厚透明浮法玻璃，外设活动遮阳系统，顶部设 2m 宽双翼连片式升翻窗，设有风机和水帘，通过计算系统调控温度、湿度、光照等，其优势是采光面积大、光照均匀、抗风能力强、环境稳定性好、使用寿命长，每亩造价 30 万～40 万元，其主要技术参数如表 3-1。

表 3-1　智能连栋玻璃温室主要技术参数

项目	参数
脊高（m）	5.0
肩高（m）	4.0
外遮阳（m）	6.1
跨度（m）	9.6/12
开间（m）	4
边柱距（m）	2
承载风压（kN/m²）	0.7（相当于 12 级台风）
作物荷载（kg/m²）	15
最大排雨量（mm/h）	140

（2）连栋钢架塑料大棚。连栋钢架塑料大棚其综合性状较好，目前在我国华南地区使用较为广泛，特别是随着薄膜技术的不断发展，其在有效降低投入成本及管理方面都有较好表现。主要有双弧面小锯齿型、双弧面拱型、单坡锯齿型，屋面及四周覆盖塑料薄膜，顶部有卷膜天窗，四周有卷膜侧窗，可设通风机和水帘。其优势是自然通风效果好，空气对流好，造价成本低，每亩造价 5 万～15 万元，其主要技术参数如表 3-2。

表 3-2　连栋钢架塑料大棚主要技术参数

项目	参数
脊高（m）	5.6
肩高（m）	3.3/3.5/5.1

（续）

项目	参数
外遮阳（m）	5.6/5.8
跨度（m）	8/9.6
开间（m）	4
拱距（m）	2
边柱距（m）	2
承载风压（kN/m²）	0.4～0.6（可抗 9～11 级台风）
作物荷载（kg/m²）	15
最大排雨量（mm/h）	140

（3）简易标准薄膜大棚。也称插地拱棚。上盖多功能防滴膜，在炎热夏天铺盖透光率45％遮阳网，四周为每平方厘米20目白色防虫网（纱），结构简单，经久耐用，具有一定抗风、避雨、遮阳、保温等功能，每亩造价2万～5万元，其主要技术参数如表3-3。

表3-3　简易标准薄膜大棚主要技术参数

项目	参数
脊高（m）	2.8～3.5
肩高（m）	1.8～2
跨度（m）	6
拱距（m）	0.6～1
承载风压（kN/m²）	0.26（可抗 7～8 级台风）
最大排雨量（mm/h）	120

2. 栽培系统　由栽培槽（液槽）、定植板、定植绳、挂钩等组成。定植槽、定植板由聚苯泡沫板组成，定植板宽36cm、厚1.5cm、长100cm，板上有定植孔。定植槽长100cm、宽38cm、高10cm，与定植板形成闭合系统，定植槽内铺设一层0.03～0.04mm聚烯黑膜，防止营养液外流。

3. 循环系统　由贮液池、水泵、管道组成。营养液循环路线为贮液池—水泵—管道—进液口—栽培床（槽）—排液口—贮液池。成为闭合循环体。贮液池大小要根据单位种植面积而定，一般种植3 000m^2，营养液池9m^3（长×宽×深＝3m×1.5m×2m）。

4. 控制系统 由两部分组成。一部分为保护设备控制系统，包括空气温湿度传感器、计算机、控制箱及相应天窗侧窗开启等设施。另一个为营养液循环控制系统，包括定时器、自动加水器、营养液感应器等，定时器主要用于控制营养液循环间歇。

5. 加氧系统 由浮板、立体加氧器及分体加氧装置组成。

（二）专用品种

该模式要求种植的品种有优异的品质，连续坐果率好，高产（可串收）且适应性好。选择专用品种要根据市场需求、种植习惯及季节特需，如高端水果种植要选择商品性好、果型美观、颜色鲜艳、口感好、酸甜适中的品种；如观光农业可选择不同颜色、果型奇特的品种。

（三）营养管理

营养管理包括营养液及根外追肥两方面。根外追肥可根据叶色、植株状况及品质要求适当施用。可用有机或无机高钾叶面肥，近几年也有用酵素等微生物菌肥。

1. 营养液配方组成 华南型樱桃番茄水培技术中营养液含有多种营养元素，根据樱桃番茄生长特性及产业需求，这些元素依次为：氮、磷、钾、钙、镁、硫、铁、锰、硼、锌、铜、钼。其中氮、磷、钾为大量元素，钙、镁、硫为中量元素，后六种为微量元素。另外也需要氯、硅、钠，但一般水中均含有，不需要添加。

2. 营养液配方 到目前为止，全世界番茄营养液配方有近100种，其中最为经典的是日本园试配方（表3-4）。

表3-4 日本园试配方

肥料名称	分子式	加入肥料量（g/m^3）
硝酸钙	Ca（NO$_3$）$_2$·4H$_2$O	950
硝酸钾	KNO$_3$	810

（续）

肥料名称	分子式	加入肥料量（g/m³）
磷酸二氢铵	$NH_4H_2PO_4$	155
硫酸镁	$MgSO_4 \cdot 7H_2O$	500
螯合铁	EDTA-NaFe	15～25
硫酸锰	$MnSO_4 \cdot H_2O$	2
硫酸铜	$CuSO_4 \cdot 5H_2O$	0.05
硫酸锌	$ZnSO_4 \cdot 7H_2O$	0.2
硼酸	H_3BO_3	3
钼酸铵	$(NH_4)_2MoO_4 \cdot 4H_2O$	0.33

在樱桃番茄营养液方面，荷兰的配方在生产上应用较广（表3-5）。

表3-5　荷兰樱桃番茄营养液配方

肥料名称	分子式	加入肥料量（g/m³）
硝酸钙	$Ca(NO_3)_2 \cdot 4H_2O$	886
硝酸钾	KNO_3	303
硫酸铵	$(NH_4)_2SO_4$	33
硫酸钾	K_2SO_4	218
磷酸二氢钾	KH_2PO_4	204
硫酸镁	$MgSO_4 \cdot 7H_2O$	247
螯合铁	EDTA-NaFe	15～25
硫酸锰	$MnSO_4 \cdot H_2O$	2
硫酸铜	$CuSO_4 \cdot 5H_2O$	0.05
硫酸锌	$ZnSO_4 \cdot 7H_2O$	0.2
硼酸	H_3BO_3	3
钼酸铵	$(NH_4)_2MoO_4 \cdot 4H_2O$	0.33

广东省农业科学院相关课题组经多年试验根据华南水质创制了水培樱桃番茄营养液配方（表3-6）。

表3-6 广东省农业科学院水培樱桃番茄营养液配方

肥料名称	分子式	加入肥料量（g/m³）
硝酸钙	$Ca(NO_3)_2 \cdot 4H_2O$	900
硝酸钾	KNO_3	500
磷酸二氢铵	$NH_4H_2PO_4$	50
磷酸二氢钾	KH_2PO_4	150
硫酸镁	$MgSO_4 \cdot 7H_2O$	500
螯合铁	EDTA-NaFe	2.8
硫酸锰	$MnSO_4 \cdot H_2O$	0.5
硫酸铜	$CuSO_4 \cdot 5H_2O$	0.02
硫酸锌	$ZnSO_4 \cdot 7H_2O$	0.05
硼酸	H_3BO_3	0.5
钼酸铵	$(NH_4)_2MoO_4 \cdot 4H_2O$	0.01

随着作物营养原料的发展及人们对健康食品的需求，在原来营养液配方的基础上，不断探讨有机营养液的配方，如在营养液中加入有机营养元素，如酵素、经过充分腐熟的动物粪便提取物等。

3. 营养液配制 配制营养液必须按一定的操作流程。

（1）配制营养液的水源要事先测定酸碱度和含盐量，以中性或微酸性较好。软水较硬水好，含盐量20mg/L以上的水源不能使用，地下水即井水比较好，冬暖夏凉，受污染少。

（2）为降低成本，可采用化学肥料做无机盐，配制时需要阅读化学肥料使用说明，了解其纯度及含量，按配方称取。

（3）在溶解无机盐配制营养液时，要避免无机盐在溶解过程中相互作用而产生沉淀。

　　钙和高浓度的磷酸盐、硫酸盐混在一起时易产生沉淀，所以在配制过程中，磷酸、硫酸盐类不能和钙一起溶解，而是先各自溶解稀释，然后把稀释液按照比例混合。

4. 营养液管理 主要是酸碱度（pH）和盐分浓度（EC 值）管理，樱桃番茄对营养液的酸碱度要求是 pH 6.0～6.5，过高或过低均不好，在生长过程中 pH 会变化，必须调节 pH 达正常范围，过酸可用石灰水上清液进行调节，过碱可用化学试剂进行调节。

樱桃番茄在不同生长阶段对各种营养元素的吸收不同，同时水分的蒸发也会导致营养液浓度变化，因此要根据不同生长阶段及时调整营养液 EC 值，EC 值一般在定植至开花期为 1.8～2.0mS/cm；开花结果期为 2.0～2.6mS/cm；盛果期为 2.6～2.8mS/cm。

注意不能超过 3.0mS/cm，不然会出现萎蔫。

EC 值调节一般用肥料和清水进行，太低时加入营养液原液，太高时加入清水。

（四）根际环境调控

在樱桃番茄生长过程中，根际环境决定了根的生长及其对营养元素的吸收，进而影响植株生长。适宜的根际环境包括清洁（无病菌、虫卵）、温度稳定、丰氧、适宜酸碱度和盐分浓度等。根际环境的调控是通过相关设施设备及技术为植株营造适宜的根际环境，并进行营养液清洁度、温度、DO 值、pH、EC 值等管理。

华南型樱桃番茄工厂化（水培）生产模式，根据漂浮栽培原理同时结合华南气候特点，采用密闭营养液循环，即从营养液池至供液管道到种植槽再回流至营养液池，同时采用清洁水源（最好是地下水）使营养液达到清洁无菌化。

在根际温度方面，为保证根部环境温度相对稳定且在适宜范围，采用隔热效果好、热传导能力低的聚苯烯（泡沫）做栽培槽及定植板，形成一个相对稳定的根际环境，同时栽培槽中有 5cm 左右厚度的营养液，且营养液会定时流动循环，减少热量积累。营养液池处于地表以下，使水温稳定保持在较低水平，并采用地下水达到冬暖夏凉的目的，通过综合措施确保根际温度夏季保持在

25～28℃，冬季保持在 20～25℃。

在氧气管理方面，科学设定营养液流动时间，带动氧气循环，同时在营养液池中加装加氧设备，提高溶氧度。提高营养液同氧气接触面积，结合浮根技术使部分根系暴露在空气中，产生大量气生根，从而满足根部对氧气的需求，营造根际丰氧环境。

（五）周年种植技术

周年种植规划即根据市场需求及华南气候特点进行周年种植安排，一般分春秋两季种植，即春植 1 月初至 2 月播种育苗，到 7 月结束；秋植 8—9 月播种育苗，到 12 月或翌年 1—2 月结束。另外还有粤西地区的冬植，即 8—9 月播种育苗，到翌年 3—4 月结束。华南型樱桃番茄工厂化（水培）生长技术其周年种植安排可在此基础上根据需求调整。除上面的种植安排外，还有一年一造，即 7—8 月播种育苗，9—10 月定植，11 月至翌年 6—7 月收获，实现周年种植。具体种植技术如下：

　　可根据需求提前或延后播种从而实现周年种植、均衡上市，提高种植效益。

　　1. 播种育苗　播种期确定后即可进行播种育苗。华南型樱桃番茄工厂化（水培）技术用实生苗，采用育苗盘基质育苗，育苗盘规格一般为 50 穴，基质采用泥炭土：蛭石：珍珠岩（体积比）＝8：1：1，种子要进行消毒处理，可用 10％磷酸三钠浸种 25min 后冲水 30min，或用 55℃温水浸种 30min。春季最好是催芽至露白，每穴播种 1～2 粒种子，至 2 片真叶时适当间苗（分苗），即每穴保留 1 棵苗，5～6 片真叶即可移栽定植，移植前 3～4d 要控水，喷杀虫剂和杀菌剂确保幼苗无病虫，同时施"送嫁肥"，即定植前 3～4d 追施一次肥，促幼苗长出新根，定植后恢复快。

　　2. 定植　定植板为每板 5 个穴，每亩需 250 多个板即每亩定植约 1 260 株，定植板间距为 2.4m 左右。定植前要先做好前期准备：大棚内全面消毒、杀菌、清除杂草，定植前配好营养液，营养液浓度（EC值）在1.0mS/cm左右即可，水位保持在定植槽内3～5cm处。

3. 整枝、引蔓、采收 定植后约1周左右植株开始长分枝，一般采用单干整枝，即保留第一花序下面的第一侧枝，其余全部摘除，整枝要及时，不然浪费营养且增加劳动力。定植15d左右要引蔓，主要用定植牵引绳，一端系在植株基部，一端挂在种植网上，一周左右引蔓一次。定植后2个月左右可进行采收。采收有两种方式：一种是串收，即适宜串收的品种在成熟时用剪刀从果穗与主茎连接处剪下采收；另一种为散收，采收时尽量保留萼片，在离层处摘下，若是较长贮运的，果实八成熟即可采收，利于后期保鲜。

4. 病虫害综合防控 主要病害有病毒病、白粉病、霜霉病、叶霉病、疫病等，主要虫害有烟粉虱、白粉虱、蚜虫等。防控原则：①保护设施要闭合完整，防止破损造成病原及害虫进入。②做好环境卫生、消毒。③选择抗病抗逆品种。④培养壮苗，保持植株健壮。⑤注意人工作业，减少人为传染。⑥利用黄板、诱虫灯等物理防控。

（郑锦荣）

第二节
樱桃番茄植物工厂技术

一、概述

植物工厂是现代设施农业发展到高级阶段的产物，通过设施内高精度环境控制，可实现农作物周年生产的高效农业系统。植物工厂按照辐射源分为：完全用太阳光的日光型植物工厂（以荷兰为代表）、太阳光与人工辐射互补的混合型植物工厂、完全人工环境的人工型植物工厂（以日本为代表）三种类型，其核心要素是光环境。

植物工厂与大田种植相比，有诸多优势。首先，在设施的保护下，作物生产过程受外界环境影响较小，完全通过人工调节作物栽培环境，病虫害对作物影响较小，可实现周年按计划均衡生产、稳定供给，同时作物成熟速度快，单位面积产量高，品质更可靠。植物工厂种植模式模块化，部分环节机械化、自动化程度高，管理人员少，人力成本低，种植模式的复制性和移植性高。其次，可在非耕地上生产，不受或很少受土地的限制，可建在城市周边或市区，实现就近生产、就近销售，大大缩短产地到市场的运输距离，减少物流成本和碳排放。

二、设施设备

植物工厂技术及设施设备由 6 大系统构成：围护结构系统、栽培设施系统、人工光源系统、室内环境控制系统、植物营养调控系统、控制系统。

(一)围护结构系统

为了使室内气温波动最小化以及防止出现结露,常采用高保温的围护结构。对寒冷地区来说,还应隔断地面的传热。根据植物工厂所在地气候,围护结构系统的传热系数为 0.1~0.2W/(m² · K);栽培室每小时换气次数为 0.01~0.02 次。另外,栽培室的密闭程度很高,为了保护工人健康,防止植物生长不良,应当选择不产生挥发性气体的建材。

(二)栽培设施系统

栽培床的底部设计研究较多,通过凸起条纹设计产生湍流,可有利于植物根系均匀吸收营养液内的养分,提高溶解氧浓度。目前,有可滑动的栽培床系统,定植板及其上的植物可以用手动方式由一端向另一端推动,实现了栽培床一端定植、一端采收的生产模式。当前,已开发出以营养液膜技术和深液流技术为基础的多种无土栽培技术装备。

透气性是影响植物根系生长发育的主要因素,植物根系生长时需要吸收土壤中的氧气,当基质处在湿度较大或积水时,容易出现缺氧,从而影响植物生长、降低产量,甚至造成植物死亡,因此氧气对于植物根系来说是最为关键的。透气网放置于槽底,由透气管件内导入空气,达到上下通气的效果。

(三)人工光源系统

光源既是植物光合作用等基本生理活动的能量源,也是植物形态建成和生长过程控制的信息源,因此,光环境的调节与控制显得尤为重要。在密闭式植物工厂中,植物生长发育主要依赖于人工光源,早期在植物工厂使用的人工光源主要有高压钠灯和荧光灯等,这些光源的突出缺点是能耗大、运行费用高,能耗费用占全部运行成本的 50%~60%。近年来,随着发光二极管(LED)技术的发展,使 LED 在植物工厂的应用成为可能。LED 不仅具有体积小、寿命长、能耗低、发热低、可近距离照明等优点,而且还能根据植物的需要进行发光光质（红/蓝光比例或红/远红光比例等）的精确组合，显著促进植物的生长发育。LED 既可以实现节能，又可以使栽培层间距进一步缩小，大幅度提高空间利用率。一般植物工厂的人工光源系统主要由灯具、调压整流装置、控制装置等部分组成，可根据植物生长发育的需要进行精确调控。

（四）室内环境控制系统

室内环境控制系统是植物工厂的重要子系统之一，包括对植物工厂的温度、相对湿度、CO_2 浓度、光照强度和光照周期等根上部环境因子，以及根际环境因子（EC 值、pH、DO 值和液温）的综合控制。

1. 温度调节 樱桃番茄为喜温蔬菜，其生长发育所需温度比普通番茄高。定植缓苗期，白天温度控制在 22～28℃，夜间 15℃左右；开花坐果期，白天 20～25℃，夜间 12～15℃；第一穗果坐果至采收期，白天 25～28℃，夜间 15～18℃；采收期，白天温度 25～28℃，夜间 15～18℃。通过调整各个阶段温度高低和时间长短来调控植株长势强弱，调整昼夜温差来调控果实糖分累积。

2. 湿度调节 湿度的大小不仅影响作物蒸腾与地面蒸发，而且还直接影响作物光合强度与病害发生。樱桃番茄对水分的要求并不严格，其适宜的空气相对湿度为 45％～50％。但如果湿度过高，就容易发生多种真菌性、细菌性病害。

3. CO_2 调节 大气中 CO_2 浓度平均能达到 $0.65g/m^3$，远低于作物所需的理想值。增施 CO_2 已经成为植物工厂高效生产必不可少的重要措施。在一定范围内提高环境中的 CO_2 浓度，增大 CO_2 与 O_2 的比值，抑制光呼吸，提高净光合速率，能提升果实的单果重；还能提升风味品质，例如可提高樱桃番茄果实中可溶性固形物和维生素 C 的含量。

（五）植物营养调控系统

营养液栽培是植物工厂主要栽培方式，目前较为流行的是 DFT 和雾培两种。根据樱桃番茄不同的生长阶段及植株的生长情况，对营养液进行调节。在坐果期，适当喷施叶面肥，适量补充钾肥、钙肥和微量元素。需要监测根际营养液 EC 值、pH，根据植物需求进行调节。一般移植至开花期 EC 值约为 1.8mS/cm，开花结果期 2.0～2.6mS/cm，盛果期可在 2.6mS/cm 以上，但是不能超过 3.0mS/cm，pH 保持在 6.0～6.5。

（六）控制系统

控制系统硬件有 3 种类型：工控机、分布式数据采集与控制系统、分布式智能数据采集与处理网络。工控机用于数据分析与处理等；分布式数据采集与控制系统通常应用于车间的群控；分布式智能数据采集与处理网络采用总线拓扑结构，通常用于大中型场的自动化管理。

三、光调控技术

（一）光源分类

现代农业的人工光源主要包括高压钠灯、LED 和荧光灯（日光灯）。高压钠灯发光效率高，成本低廉，是最常用的人工补光设备。荧光灯同样既可以满足植物生长对光源的需求又能节约成本。但两者在照明时产热较高，必须与作物之间留有一定的距离以防止植物烧伤。而且高压钠灯的耗电量也巨大，运营成本高昂。

LED 光源是一种新型高效的节能光源，可以近距离照明植物，同时不会对植物工厂造成室内升温，具有光谱能量调制便捷、发热低、节能环保等重要特点，有望替代传统设施的补光光源，LED 非常适合高密度种植的植物工厂。

（二）光源对植物光合作用的影响

1. 光强 光合产物的形成与光照的强度及其累积的时间密切相关。光照的强弱一方面影响着光合强度，同时还能改变作物的形态，如开花、节间长短、茎的粗细及叶片的大小与厚薄等。在某一 CO_2 浓度和一定的光照强度范围内，光合强度随光照强度的增加而增加。当光照强度超过光饱和点时，净光合速度不但不会增加，反而还会形成抑制作用，使叶绿素分解而导致作物的生理障碍。

当光照强度长时间处于光补偿点之下，植物的呼吸作用超过了光合作用，有机物消耗多于积累，作物生长缓慢，严重时还会导致植株枯死，因此对植物生长也极为不利。

通常情况下，樱桃番茄的光补偿点为1 000～2 000lx。

2. 光质　植物不仅从光源获取能量，还能识别不同波长的光，从中读取信息作为它们调控生长的信号。波长400～700nm的部分是植物光合作用主要吸收利用的能量区间，称为光合有效辐射。波长700～760nm的光称为远红光，它对植物的光形态建成起一定的作用。在植物光合作用中，植物吸收最多的是红、橙光（600～680nm），其次是蓝紫光和紫外线（300～500nm），绿光（500～600nm）吸收的很少。紫外线波长较短的部分，能抑制作物的生长，杀死病菌孢子；波长较长的部分，可促进种子发芽和果实成熟，提高蛋白质、维生素和糖的含量；红外线还对植物的萌芽和生长有刺激作用，并产生热效应。

在设施大棚内封闭式植物光照培养架上，研究人员对比了6种不同LED灯光质（白光、黄光、蓝光、红光、绿光和复合光）对樱桃番茄产量和品质的影响。结果表明，红光、蓝光和复合光处理均有助于提高樱桃番茄果实单果重、单株结果数和单株产量。其中，以红光处理的效果最好，单株产量增加19.992％。蓝光处理的番茄果实转色时间最短；维生素C含量和可溶性蛋白质含量显著增加，硝酸盐含量降低。红光处理增加果实的可溶性糖含量和番茄红素含量。绿光处理使番茄果实品质和产量下降。红光有助于提高果实产量，蓝光有助于提高番茄果实品质。

对于植物的生长发育而言，仅仅有红光是不够的。在单一红光下可以完成生命周期，但是要想缩短培育周期，获得更大更美味的产品，必须补充适量的蓝光。虽然过量的蓝光会抑制植物生长，致使节间变短、分枝减少、叶面积变小等，但蓝光却是对于植物光合作用至关重要的光源，叶绿体形成和叶绿素合成都需要蓝光，并且蓝光可以有效促进光合作用的进行，可以说是植物生长的"兴奋剂"。

3. 光周期 植物的光合作用和光形态建成与日长（或光期时间）之间的相互关系称为植物的光周性。光周性与光照时数密切相关，光照时数是指作物被光照射的时间。不同的作物，完成光周期需要一定的光照时数才能开花结实。长日照作物如白菜、芜菁等，在其生育的某一阶段需要 14h 以上的光照时数；短日照作物如洋葱、大豆等，需要 14h 以下的光照时数；中日照作物如黄瓜、番茄、辣椒等，在较长或较短的光照时数下，都能开花结实。

为探究补光对番茄产量和品质的影响，有研究人员设置 CK（不补光）、T1（早晨揭帘前补光 5.0h）、T2（晚上盖帘后补光5.0h）、T3（早晨揭帘前、晚上盖帘后各补光 2.5h）4 个处理，开展对比试验。发现 T1 处理番茄的产量最高，显著高于 CK，其他补光处理也高于 CK，说明不同时段 LED 株间补光处理能够延长植株的光合作用，促进有机物积累，进一步提高番茄产量。同时，补光处理可能通过提高番茄果皮中的纤维素及果胶含量，进一步提高硬度，增强果品耐贮性。在对番茄进行不同时段株间补光后，T1 处理番茄单果干重最大，说明早晨对番茄进行补光处理可以促进番茄果实干物质的积累。各处理下番茄含水率及果形指数没有显著差异，说明补光处理对番茄果形没有显著影响。番茄果实中可溶性固形物含量、维生素 C、糖酸比是检测番茄果实品质的重要指标。研究结果表明，早晨补光可以提高番茄可溶性固形物、维生素 C、有机酸及可溶性糖含量，说明早晨揭帘前对番茄进行 LED 株间补光处理可以提高番茄的风味和营养价值。如今许多番茄已经没有明显的风味，使用 LED 光源补光处理有利于番茄体现出其原有风味。

LED 植物灯的红蓝 LED 比例一般在 4：1～9：1 为宜，通常可选 6～9：1。

（三）LED 在樱桃番茄育苗工厂的应用研究

随着照明技术的发展，利用人工光进行蔬菜工厂化育苗具有育苗效率高、病虫害少、易标准化等优势。新一代 LED 光源较传统光源具有节能高效、寿命长、环保耐用、体积小、热辐射低、波长幅度小的特点，能够在植物工厂的环境下根据幼苗生长发育需要制定合适的光照配方，精确调控幼苗生理代谢过程，实现蔬菜育苗的无公害、标准化和快速生产，缩短育苗周期。

在相同的光强条件下，随着红光比例的增加，番茄幼苗株高和地上部鲜重得到显著提高，其中红蓝比为 3∶1 处理的效果最佳；相反红蓝比为 1∶3，高比例蓝光可抑制番茄幼苗生长，株型矮壮紧凑，但提高了幼苗地上部干物质和叶绿素的含量。此外，相比于白光，红蓝光（R∶B＝3∶1）不仅显著提高了番茄幼苗叶片厚度、叶绿素含量、光合效率和电子传递效率，而且在与卡尔文循环相关的酶表达水平、生长素含量以及碳水化合物积累也得到了显著提高。相同的光强条件下，有远红光（右侧）和没有远红光（左侧）环境下番茄苗的长势大相径庭，远红光的存在可以让植物长得更高（图 3-1）。

图 3-1 远红光对樱桃番茄种苗的影响

在华南地区，利用塑料大棚培育番茄幼苗（3～4 片真叶）大约需要 60d。在人工气候环境下，LED 光照强度对樱桃番茄幼苗生长有显著影响，随着光照强度的增强，幼苗光合效率提高，生物量积累增加，番茄矮壮。当光照强度超过 $300nmol/m^2 \cdot s$ 时，不同光照强度下樱桃番茄生长无显著差异。同时，研究发现，低光照强度处理下樱桃番茄植株叶面积大而薄，株高、节间距大，茎较细，易徒长。

四、存在的问题与对策

（一）存在的问题

1. 建设和运营成本高 植物工厂需要在封闭环境下进行作物生产，因此需要构建配套工程与装备，建设成本相对较高。同时，植物工厂所需的光源大部分来自 LED 灯，LED 灯在为不同农作物生长提供相应光谱的同时需要消耗大量的电，生产过程中的空调、通风、水泵等设备也需要消耗电能。据统计，植物工厂生产成本中，电力成本占 29%，劳动力成本占 26%，固定资产折旧成本占 23%，包装运输成本占 12%，生产资料成本占 10%。

2. 自动化程度低 目前应用的植物工厂中仅部分环节实现机械化，但育苗、移栽、定植、收获等过程仍需人工作业，导致人工成本高。

（二）对策

目前，植物工厂产业还面临诸多问题，还需要从技术、运营等多方面开展研究。根据当前存在的问题，笔者提出如下对策：

1. 作业全程智能化 基于作物—机器人系统的机艺融合与防损机制，创建高速柔性无损种收末端执行器、分布式多维空间准确定位和多模态多机协同控制方法，创制高层植物工厂无人化高效无损播种—分栽—采收—装箱等智能机器人及配套装备，实现全流程无人化作业。

2. 生产管控智慧化 基于作物生长发育对光辐射、温度、湿度、CO_2 浓度及营养液养分浓度、EC 响应机制，构建作物-环境反馈定量模型；创立策略核心模型，动态解析作物生命信息及生产环境参数，建立环境在线动态辨识诊断与过程调控体系，创建高容积率垂直农业工厂生产全流程多机协同人工智能决策系统。

3. 低碳生产节能化 建立能源管理系统，利用太阳能、风能等可再生能源完成电力输送，控制能耗，达到优化能源管理目标。

4. 特优品种高值化 选育不同的高附加值品种进行种植试验，构建栽培工艺专家数据库，并进行栽培工艺、密度选择、茬口安排、品种与装备适应性等研究，形成标准的栽培技术规范。

（李　斌）

第三节
数字农业在樱桃番茄
生产中的应用

一、数字农业概述

数字农业是将信息作为农业生产要素，用现代信息技术对农业对象、环境和全过程进行可视化表达、数字化设计、信息化管理的现代农业。数字农业使信息技术与农业各个环节实现有效融合，对改造传统农业、转变农业生产方式具有重要意义，其可以推动农业生产高度专业化和规模化，构建完善的农业生产体系，并实现农业教育、科研和推广"三位一体"，有益于提升农业生产效率，实现农业现代化。

数字农业将遥感、地理信息系统、全球定位系统、计算机技术、通信和网络技术、自动化技术等高新技术与地理学、农学、生态学、植物生理学、土壤学等基础学科有机结合起来，实现在农业生产过程中对农作物、土壤从宏观到微观的实时监测，以实现对农作物生长、发育状况、病虫害、水肥状况以及相应的环境进行定期信息获取，生成动态空间信息系统，对农业生产中的现象、过程进行模拟，以达到合理利用农业资源、降低生产成本、改善生态环境、提高农作物产品和质量的目的。

数字农业是实施数字乡村发展战略和全面推进乡村振兴的重要内容。发展数字农业，有利于提升农业生产效率，推动乡村产业兴旺，促进乡村生态化转型，带动乡村数字化基础设施建设，从而完善乡村数字化治理，助力农民致富，实现共同富裕。

二、数字农业在露地櫻桃番茄生产中的应用

在露地櫻桃番茄生产环境中，数字农业主要依赖于物联网框架，通过环境传感器连续检测环境中温度、湿度、光照等信息，通过摄像头监视田间异常信息，最后通过水肥机实现水肥一体化灌溉。可以通过手机 App 或者中控平台（图 3 - 2）观测数据变化，控制水肥。

图 3 - 2   中控平台的应用界面

土地管理包括旋耕、起垄、覆膜、除草、施肥和杀菌等，可以选用拖拉机结合对应的属具实现。

日常管理主要依赖人工。施药可以通过无人机，但叶背和根部难以机械施药施肥。采摘机械难以进入田里，主要依赖人工进行相关作业。

三、数字农业在设施櫻桃番茄生产中的应用

设施大棚是提高櫻桃番茄产量的重要途径。因为大棚可以为櫻桃番茄生长提供遮雨、防虫、精准施肥等有利条件，并且配合拉蔓栽培的方法，延长了櫻桃番茄的收获期并降低了劳动强度，实现半年或周年生产，提高生产供给的稳定性。

1. 数字环境调控 设施大棚内设置有传感器，可以准确监测空气温湿度、光照强度和基质温湿度，以及营养液温度、酸碱度和电导率等，对作物生长因素进行监控，结合数字农业生产中的作物生长模型，基于监测的数据，决策目标，调控参数，并同时通过执行结构控制天窗、遮阳网、湿帘、风机、水肥机和灌溉系统等，对设施内的温度、光照、通风和水肥灌溉进行调控。减少番茄生长过程中的逆境对作物生长的影响，减少落花、落果、病虫害和农药等生产资料投入，实现节本增效。

2. 农业生产装置

（1）水肥机。水肥机主要实现混肥、灌溉的功能（图 3-3）。其中混肥功能是将不同的高浓度营养液，按照一定比例进行稀释与混合，并精准调控灌溉营养液的 pH 与 EC 值。水肥机根据数字农业的智能化程度不同分为三个阶段：第一阶段人工控制，基于人工经验控制比例与灌溉制度。第二阶段阈值控制，根据部分传感器如温度、土壤湿度传感器等，结合经验或算法设置灌溉阈值，实现自动灌溉。第三阶段精准调控，根据环境、设施参数和作物不同发展阶段，实现联动控制，更加精准地控制作物生长水肥环境。现在主要集中在第一阶段，部分正在尝试优化阈值控制，但由于数据基础不足与环

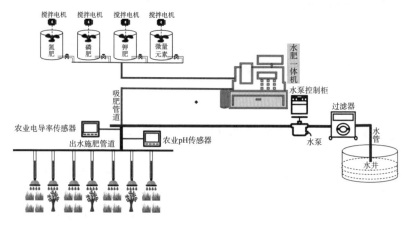

图 3-3 水肥机工作原理示意图

境参数多样，还需试验验证。而第三阶段需要精准的数据模型支撑，现有数据普遍存在不完整和单因素的问题，难以实现精准调控。

（2）采摘机器人。樱桃番茄果实呈串状，不同品种的同一个果穗的果实数量、成熟期与穗型存在差异。从采收角度划分为两种类型，分别是串收型（图3-4）与单果型（图3-5），其中串收型是从果穗主干进行剪切采收并包装销售，该种采摘方式对果实成熟一致性有一定要求，采收效率较高，一般应用于具有较高附加值的番茄品种。单果型是将果实单粒采收，一般不采用剪切的方式，而是通过机械爪进行摘取，使果实从果蒂结合薄弱处分离，该种采摘方式适合单串丰果品种，对成熟期一致性要求较低。

图3-4 串收型采摘机器人　　图3-5 单果型采摘机器人

针对番茄采摘机器人国内外进行了大量研究，主流的机器人结构包括移动底盘、采摘机械臂、采摘夹具和感知控制系统。其中移动底盘根据生产大棚场景不同分为轨道式和轮式，部分配有升降结构，可实现机器人在巷道中行驶，高处果实的采摘，并保证设备稳定运行。采摘机械臂多采用多轴协作机械臂，具有较高的自由度，实现多角度果实采摘，减少植株遮挡等原因对机器人的干涉，提高采摘成功率。串收所用夹具需要能剪断果穗，并夹住主干保证整串果实不坠落。单果采摘主要通过柔性抓手，直接与果实接触，通过旋转、折或拽的方式，分离果实与果柄，并保证果实外观与内部无机械损伤。通过机械臂末端或机载的彩色相机和深度相机，实现果实识别和定位。基于夹具与果实的相对位置，控制机械臂循迹实现果实采摘，并防止叶枝干涉。

温馨提示

　　由于果柄在运输途中易造成果实机械损伤，一般商品果不带果柄。

　　（3）打叶机器人（图3-6）。随着番茄的生长，果实成熟后，底部叶片老化，进而发黄与枯萎，光合作用下降，因此需要在最底部果实接近成熟时，对底部叶片进行摘除。由于目标叶片在底部，打叶机器人相比采摘机器人执行结构更加紧凑，自由度更少。机器人通过视觉和深度摄像头，识别定位目标区域，调节云台与伸缩臂快速作业。

　　打叶机器人工作节奏快，但工作内容单一，并且对场景有着较高的要求，如目标枝叶需在一定的范围内，且枝叶要长期管理，保证枝叶的一致性，减少遮挡干扰。

图3-6　打叶机器人

（4）施药机器人（图3-7）。施药机器人主要针对病虫害或营养丰缺进行全面且有针对性的施药与施肥。不同的目标，具有不同的对靶位置。由于设施内番茄种植高度较高，人工难以作业，且密度较大，施药量大，且可能对人体造成伤害，因此巷间的施药机器人生产意义较大。施药机器人分为子母式和独立式。机器人本体较高，以保证高处施药，两侧具有多喷头，结合视觉或激光技术和高频电磁阀，实现对靶变量喷雾。

图3-7　施药机器人

（赵俊宏）

第四节
樱桃番茄在都市农业中的应用

一、概述

　　都市农业是一个国家或地区工业化、城市化的产物，并随着经济增长不断被赋予新的内涵。都市农业是以大都市为背景，充分依托和利用大都市的科技、经济和社会优势，围绕大都市内、近郊甚至远郊的有限土地资源和森林、民俗、古迹等环境资源，建立高效农业、观光、旅游、休闲与体验于一身的新型农业。

　　樱桃番茄都市农业作为一种农业与旅游休闲观光、科普教育有机融合衍生出来的新型产业，具有以下基本功能：

　　（1）生产功能。樱桃番茄都市休闲农业生产功能是第一位的，即生产优质安全的樱桃番茄，为当地或附近市场提供美味优质的樱桃番茄产品，满足市场消费者需求。

　　（2）旅游休闲功能。樱桃番茄具有多种颜色和形状，具备很好的观赏性，可以为都市休闲农业园区增加多种元素，无论是观赏还是种植劳作，均可为人们提供休闲观光的好去处。人们通过感受大自然放松心情，缓解工作、学习及生活的压力。

　　（3）科普教育功能。常居都市的人们远离农村，缺乏对樱桃番茄等农作物的生物知识和认知。通过科普教育，让人们了解樱桃番茄的生长过程和农事文化，体验现代农业劳动，激发青少年对现代农业的热情，为美丽乡村建设增添活力。

　　（4）经济与社会功能。都市休闲农业是一个综合型产业，有助于促进三产融合，增加农业附加值。可提供大量的就业岗位，带动附近居民就业，提高居民收入。

二、发展模式

（一）现代农业生产基地

樱桃番茄是一种高档的果蔬兼用蔬菜，其种植效益高，近年来种植面积逐步增大。随着设施农业的发展，大型樱桃番茄生产基地正在全国不断兴起。

（二）现代科普教育农园

现代科普教育农园以农业科技内涵为基础，以数字农业、智慧农业为核心，以现代农业设施、技术、品种等为表现形式，形成集科技示范、技术和品种推广、科普教育、休闲娱乐为一体的综合开发模式。现代科普教育农园充分利用农业生产、自然生态等资源设计活动，让参观者学到农业领域的相关知识，达到科普教育的目的。

同时，樱桃番茄因其本身观赏性、鲜食性及趣味性，可成为一个新颖明确的主题，为顾客留下深刻印象，吸引顾客多次参观游览。科普教育基地需锁定消费群体，现代都市青少年及城市居民由于生活条件的改善，居住环境优越，但缺少劳动体验，没有机会接触农业，城市里学校也没有实验基地，无法为中小学生提供农业实践、农业知识学习的条件。科普教育农园将农业知识配合解说，帮助青少年及广大城市居民进一步认识现代农业生产、科技、文化等，启发其进行深层次思考，形成热爱自然、尊重自然的意识。

（三）现代观光采摘体验园

现代观光采摘园不仅能促进农业生产水平的提高，而且能够深入开发农业生活与生态功能。樱桃番茄现代设施栽培可实现周年生产，樱桃番茄采摘园以多彩樱桃番茄资源为主题，颜色丰富、形状各异、采摘时间长，同时将农业产业与科技、文化、景观等要素融合，满足市民消费市场的多样化需求，将农业生产与观光采摘体验相结合，一、二、三产业融合，发挥农业的多功能性，显著提高农业经济效益。

樱桃番茄观光采摘体验园一般距离大都市较近，交通便利，基础设施（如停车场、休息凉亭、卫生间）完善。观光采摘园一般需突出特色，樱桃番茄采摘园与普通农田、果园、菜园相比特色明显，樱桃番茄观光采摘园供采摘的果实优质无公害，具有采摘—品尝、品尝—购物、品尝—加工体验等多种模式。

（四）阳台农业

阳台农业是指在阳台、客厅、屋顶以及庭园进行蔬菜和水果的创意栽培，是集创意生态、创意生产、创意生活于一体的新型农业生产方式与生活方式。阳台农业是城市创意农业的主要形态，具有规模小、创意活、成本低、时尚便利、低碳环保、养神悦心、富有情趣等特点。

发展樱桃番茄阳台农业的优势：

（1）绿色环保。阳台家庭农业通过专用的全营养液为作物提供营养，没有环境污染，避免化肥和农药过量使用。樱桃番茄生长势强，在合适的时期进行种植，保证良好的光照和通风，可以完全不使用农药，绿色安全，是一种很好的休闲种植模式。

（2）管理方便。阳台农业种植采用的营养液是由多种营养元素科学调配而成，营养均衡，种植过程不需再额外施肥。阳台农业种植过程中涉及的营养液循环、温湿度调控等均可以实现自动化、智能化管理，减少了人为的操作。

（3）体验采摘乐趣。市场出售的果实大都是经过长距离运输后才周转到消费者手上，新鲜度有限，而阳台的果实不同，可以让我们现收现吃，品尝到最新鲜的美味，体验采摘乐趣。

（4）阳台美化。在阳台种植颜色多样、形态多样的樱桃番茄，摆放在阳台、窗台、居室都可起到绿化、美化和装饰家居的效果。

（五）创意景观农业

樱桃番茄具有成景快、栽培容易、观赏性明显等特点，已被广泛运用于创意景观农业，如都市农业园、居室绿化及景观园林等。

（1）盆栽布景。盆栽樱桃番茄可单盆观赏，也可利用樱桃番茄盆栽组景、果实模纹图案等布置展厅，既有观赏蔬菜的盆栽组合景观，还可以结合不同高度的盆景垂直绿化，具有较高的观赏价值和美感。

（2）樱桃番茄长廊。樱桃番茄长廊利用了无限生长型樱桃番茄的攀缘特性，该类型番茄枝蔓细长而枝叶茂盛，在棚架、拱门、凉亭绿化中应用较多，或用于长廊、建筑的美化。

（3）造型造景。选用植株矮小、紧凑、整齐、颜色各异且鲜艳的樱桃番茄和其他蔬菜来布置景观，给人带来勃勃生机之感。

三、主要种植技术

（一）樱桃番茄阳台农业种植技术

1. 阳台朝向选择　阳台农业种植樱桃番茄需要根据阳台的环境条件，选择合适的樱桃番茄品种。阳台的环境条件中最重要的是阳台的朝向，朝向决定了光照条件和通风状况。

阳台朝南：朝南的阳台是种植首选，日照时间长、通风效果好，在4个朝向中条件最理想。即使在冬季，朝南阳台基本能受到阳光直射。但是朝南阳台夏天光照强烈、升温快，土壤水分蒸腾量大，需多浇水。

阳台向东：光照条件为半日照，种植樱桃番茄需要在有阳光的地方种植，背阴的地方可搭配种植一些耐阴的叶菜。

阳台朝西：朝西阳台冬季光照条件差，气温低；夏季温度高，种植樱桃番茄需要选择好时间，根据当地的气温合理安排。

阳台朝北：阳台朝北几乎全天都无法受到阳光直射，需选择耐阴的樱桃番茄品种。

2. 种植方式

水培：水培是指植物根系直接生长在营养液中的无土栽培方式。经过多年的发展，如今水培在商业应用领域中已经有了成熟的技术体系，而且水培具有清洁、实用、高效等特点，其应用范围不断扩大，在阳台农业的发展中具有独特的优势。常见有三种水培模式，即深液流水培技术（DFT）、营养液膜技术（NFT）、浮板毛管水培。

雾培：雾培是将营养液以雾化形式直接喷到植物根系上提供水、气、氧的无土栽培方式，气雾形态有效解决了水、气、氧之间的供应矛盾，为植物根系提供适宜的生长环境条件，使其发挥增长潜力、快速生长。由于家庭阳台空间面积有限，所以这种模式目前在家庭中应用较少，但可作为未来智能阳台农业的发展形式。

基质栽培：基质栽培是利用固体基质代替天然土壤，植物根系生长固定于基质中，并通过基质吸收营养液和氧气的一种无土栽培方式。基质栽培是目前都市农业中应用较广的栽培方式。依据基质的形态和成分，常用基质可分为无机基质、有机基质和混合基质。

（二）水培樱桃番茄蔬菜树

1. 品种选择　需要选择长势旺盛，不易裂果，耐低温弱光、抗病、抗逆性强，连续坐果好的品种。

2. 水肥管理　番茄树栽培是一种充分发挥植株无限生长潜力的栽培模式，需要充足的营养液供应作为支撑，选择樱桃番茄专用的无土栽培营养液配方，常用的营养液配方有日本园试配方、荷兰番茄专用营养液配方、华南农业大学番茄配方和广东省农业科学院研究的番茄专用配方。营养液 EC 值 2.0～2.5mS/cm，pH 6.0～7.0。同时，需要根据环境的温度和湿度进行营养液浓度调节，夏季高温，光照强的时候营养液浓度稍低；冬季温度低、光照弱的时候，营养液浓度稍高。另外，营养液池中还需通过加氧泵给营养液加氧，解决营养液中氧气含量不足的问题，一般每间隔 30min 开启 5～10min 加氧泵。

3. 整枝修剪　番茄树前期没有爬上种植网架之前均要摘掉所有花穗，这个时间段主要进行长枝长叶营养生长，同时在番茄树爬上种植网之前需要摘心一次，促进侧枝的生长，尽量保留 8～10 个侧枝爬上种植网，当种植网上冠幅达到 2～3m^2 后可开始结果。

适时采收：一般来说果实成熟即进入采摘期，为了增加观光效果，尽量延长番茄树的挂果期，可适当延迟采收。

（三）樱桃番茄盆栽技术

樱桃番茄色彩艳丽多样、果型各异。盆栽樱桃番茄可以美化居室，增加情趣，并可随意采摘品尝。

1. 品种选择 盆栽樱桃番茄一般选择品种易于矮化、结果集中的有限生长型。

2. 培育壮苗 华南地区一般在 8—9 月播种，采用营养钵基质育苗，在幼苗长至 3 片真叶时用 0.05％的矮壮素浇施基质，防止幼苗徒长。

3. 定植移栽 当番茄苗长至 5 片真叶时移栽到直径 45cm 的花盆中，移栽后到坐果前可每盆施用 100～150mL 的 0.05％的矮壮素，施药 1 周后，节间变短、主茎变粗、叶色浓绿、根系发达，可显著提高观赏性。

4. 整枝修剪 采用双干或三干整枝，当植株高达 80～100cm 时及时摘心，促使植株矮壮，提高结实率。另外还需及时整理植株形状，使得每盆樱桃番茄呈扇形或半球形等形状生长，增加其观赏性。

（聂　俊）

第五节
樱桃番茄有机基质栽培技术

一、概述

基质栽培是一种不采用天然土壤而采用基质栽培作物的方法，与传统土壤栽培相比，基质栽培可以解决传统土壤栽培的病虫害多、次生盐渍化和营养不全面等诸多问题，也可避免传统土壤栽培连作导致的产量和品质下降，是作物可持续发展的有效途径之一。基质栽培分为两种模式，一种是无机基质栽培，一种是有机基质栽培。

有机基质栽培是指用草炭、锯末、稻壳、秸秆等天然有机物质作为栽培基质，结合水肥一体化技术进行种植的一种有机栽培模式。这种栽培模式能够有效防止土壤连作障碍和土传病害，促进农业废弃物的循环利用。有机栽培基质通常由几种有机物质按照一定比例混合，使其碳氮比、EC 值、含水率和孔隙度等特性满足作物根系的生长发育需求。

有机基质栽培设备简单、耗能低、投入少，而且排出的灌溉液对环境无污染，可实现持续性发展，成为我国目前推广应用最多的一种无土栽培形式。

二、技术特点

有机基质栽培除具有提高蔬菜产量和品质、减少农药使用次数和用量、节肥省工等一般无土栽培的特点外，还具备以下特点：

（1）对环境污染较小。传统无土栽培一般采用无机化肥配制全营养液，灌溉排出液一般盐分浓度较高，会污染环境；而有机基质栽培使用有机肥、有机营养液或微生物菌肥为作物生长提供所需的营养元素，排出液盐分含量较低，对环境污染较小。

（2）产品质量可达绿色食品的要求。有机基质栽培从基质、营养肥料的选择，均以有机物为主，经过发酵、消毒等加工处理，不会出现过多的有害物质，在栽培过程中，也没有使用其他有害化学物质，因此生产的产品可达到绿色食品的要求。

（3）节省生产成本。有机基质栽培采用的基质、营养肥料等一般都是就地取材，与传统无土基质栽培使用的化学肥料比，生产成本相对较低。

（4）技术要求高。有机基质栽培生产过程中，需要根据作物生长情况与气候条件，对环境温度、湿度、光照及基质水分、养分等因素进行实时调节，管理人员需掌握一定技术要领，否则难以取得较好的栽培效果。

三、技术要点

（一）有机基质的选择与配制

有机基质的配制是作物种植成功与否的关键环节之一，基质选择需要考虑其适用性、经济性，还需要考虑基质的理化特性。

1. 常见有机基质

（1）草炭。又名"泥炭"，具有良好的保水、保肥、透气、透水等性质，富含多种氨基酸、微量元素、纤维素等有机物质，以及丰富的氮、磷、钾、钙等营养元素，为植物生长提供多种营养；商品草炭无毒、无病虫害，可直接与其他基质混合使用。

（2）椰糠。椰糠是椰子加工工业的副产品，与泥炭相比，椰糠含有更多的木质素和纤维素，具有较好的吸水、排水性。椰糠呈酸性，磷、钾含量较高，钙、镁、氮含量较低。是目前无土栽培应用比较多的基质之一。椰糠在无土栽培中可以单独使用，也可以与珍珠岩、蛭石、陶粒等混合使用。

（3）蛭石。蛭石是一种天然无毒矿物质，具有很强的离子交换能力。

（4）锯末。锯末是木材加工的副产物，容重小，具有较强的吸水、保水能力。锯末一般含有杂菌和致病微生物，需要经过发酵腐熟才能使用，是一种成本低、来源广泛的无土栽培基质，一般可连续使用2～6茬，每茬使用后应消毒。

（5）菇渣。菇渣是种植食用菌后的废弃培养料，经过腐熟后使用。菇渣一般不单独使用，通常与沙石、蛭石混合使用。

（6）秸秆。秸秆价格较低廉，将秸秆粉碎后加入鸡粪等有机腐熟剂进行发酵处理，与其他基质混合后，可广泛用于无土栽培，降低生产成本。

2. 基质消毒处理　有机基质在使用前需做好消毒、灭虫、杀菌等工作。尤其是基质连作的情况，更容易发生病害。常用的基质消毒方法有：

（1）太阳暴晒法。太阳暴晒法在温室基质栽培中应用广泛，是一种安全、简单、实用的基质栽培消毒方法。具体方法：在高温季节将基质喷湿，使其含水量达到60%以上，然后覆盖塑料薄膜，放密闭大棚暴晒10d以上，之后将薄膜揭开翻晒，能有效杀死根结线虫和害虫卵等，起到很好的消毒效果。

（2）蒸汽消毒法。将基质装入消毒柜（1～2m³）内，或将基质堆叠至一定高度，用防水、防高温的布盖严，通入蒸汽。在70～100℃条件下消毒30～60min，可有效杀死病菌，蒸汽消毒效果良好，比较安全，但是成本比较高。

（3）化学药剂消毒法。有机基质消毒常用的化学药品有甲醛、威百亩等。

①甲醛。40%甲醛是一种良好的杀菌剂，但对害虫效果较差。使用时将40%甲醛溶液稀释40～50倍，均匀喷湿基质，每1m³基质用药液量为20～30L，喷洒完毕后用塑料薄膜覆盖24h以上，然

后揭开薄膜翻晒基质5～7d，以消除残留药物危害。

②威百亩。威百亩是一种水溶性熏剂。使用时将1L威百亩加入10～15L水中，然后喷洒在基质表面，每1m³基质用药液量为1～2L，喷药后用塑料薄膜覆盖密封15d以上，揭开薄膜晾晒后即可使用。该药可有效杀死昆虫、线虫、杂草种子和真菌。

3. 基质盐分清洗和更换 随着种植时间的延长，有机基质逐渐腐烂，作物的根系较多，病菌和盐分积累，导致基质的电导率升高。另外，基质的理化性状变差，影响作物根系对养分的吸收，不利于植株生长。因此，在使用旧基质种植时每隔一段时间要用清水冲洗基质，降低基质盐分。一般混合基质在种植3～5茬作物后需更换1次，使用秸秆的基质，每茬作物后还需适当补充新的秸秆。

4. 有机基质的配制原则 单一基质会存在部分缺陷和不足，通常采用复合基质相互弥补，多种复合基质配制通常需要注意以下事项。

（1）良好的理化性质。栽培基质需要为樱桃番茄根系生长提供良好的生长环境，保持充足的水分和透气性，还要提供充足的养分，确保樱桃番茄正常生长。因此混合的有机基质理化性状需要达到一定要求：容重在 $0.1～0.8g/cm^3$，pH 为 6.5 左右，EC 值在 2.5mS/cm 以下，具有一定的缓冲能力和保肥性。

（2）来源广泛，取材方便。基质的来源广泛，需根据实际情况，因地制宜选用，可利用当地的秸秆、农产废弃物等。

（二）有机基质栽培肥料的使用

（1）固体有机肥料。固体有机肥料通常用新鲜的畜禽粪便、农作物秸秆、绿肥、饼肥等，也可用草木灰、矿物质钾粉和磷粉等，还可用有机认证的有机专用肥和部分微生物肥料。

有机农用肥在使用前2个月通常需进行无害化处理，让其充分发酵腐熟，杀死农家肥附带的虫卵、病菌以及杂草种子。

（2）有机营养液。有机营养液是一种天然环保、养分充足的液体肥料，是堆肥后的浸提液，是以腐熟的动物粪肥、作物秸秆、花生麸、绿肥等有机物料与水按照一定比例混合后进行一定时间的无氧发酵，制成的有机营养液。有机营养液中含有多种营养元素、有益微生物及次生代谢产物，包括激素和腐殖质等。有机营养液在栽培中可以充当补充性肥料，利用水肥一体化设备进行施肥，施入基质后可以保持良好的根际微生物环境，促进矿质营养的矿化分解，促进植物根系激素类物质的产生，提高作物根际微生物活性、植株抗病性，从而提升作物产量和品质；可促进养分活化及植物的吸收利用，使有机栽培具有促进植物生长和生物防控的双重功能。有机营养液的使用方式主要包括叶面喷施和根际灌溉，叶面喷施可以改变叶面的生物组成，为叶面提供大量有机微生物和养分，见效快并且能防止烧苗；灌溉通过过滤设备、施肥设备和管道设备将有机营养液输送到植物根际，此种方式见效快但需要检测有机营养液的EC值，可防止烧苗。常用的有机营养液有：

①花生麸腐熟液。花生麸因富含磷、钾两种大量元素，养分均衡齐全（表3-7）。通常将花生麸与水按照1：4的比例在无氧环境条件下进行混合浸泡，两个月后便可使用，时间越长，熟腐程度越高，越不易烧伤植物。使用时，需先将液肥加水稀释，液肥与水的比例约为1：7。施用后，最好能淋水以免烧伤植物。

表3-7　花生麸腐熟液养分组成及含量

养分名称	NH_4^+-N	NO_3^--N	P	K	Ca	Mg	Fe	Mn	Zn	Cu	B
含量（mg/L）	950	29	8.6	24	23	25	0.4	0.12	0.23	0.03	0.03

注：数据来源张承林（2006），表中数据是EC值为1.5mS/cm时测得。

②鸡粪腐熟液。鸡粪中养分含量丰富（表3-8），发酵后的鸡粪含有高效有益微生物菌群，这些菌群不断活动，能活化空气中氮素、分解释放难溶的磷、钾养分。

表3-8　鸡粪腐熟液养分组成及含量

养分名称	NH_4^+-N	NO_3^--N	P	K	Ca	Mg	Fe	Mn	Zn	Cu	B
含量（mg/L）	230	31	6.2	157	43	17	6.8	0.51	0.15	0.08	0.03

注：数据来源张承林（2006），表中数据是EC值为1.5mS/cm时测得。

(三)有机基质栽培方式

1. 基质槽栽培 基质槽栽培形式多样,可以使用砖块、木板等材料建立栽培槽,也可以直接使用泡沫槽来装有机基质,只需要保持基质不散落即可。通常栽培槽间距为60～100cm,槽高15～30cm,在栽培槽的底部铺设一层薄膜或地布,以防土壤病虫害传染。

2. 袋式栽培 把混合有机基质装入无纺布袋或专用基质塑料袋并供给营养,进行蔬菜栽培。在南方高温季节袋子表面以白色为好,白色有利于反射阳光防止基质升温,秋冬低温季节以黑色为好,有利于基质吸收热量,促进作物根系生长。

(四)有机基质栽培管理技术

1. 品种选择 选择优质、高产、抗病、商品性好、适合市场需求的品种。

2. 培育壮苗

(1)茬口安排。樱桃番茄种植茬口安排一般要以当地的主要栽培茬口为主,充分利用当地的自然气候条件,减少病虫害发生,根据市场供应情况,提高种植效益。广东地区春茬一般在3月开始定植移栽,苗龄需要40～50d,播种一般在1月进行,秋茬9—10月开始定植移栽,苗龄需要20～30d,播种期一般安排在8月至9月上旬。

(2)播种前准备。育苗常在温室或大棚等设施内进行,为方便机械化和精量播种,选用规格化72孔穴盘。育苗基质多以草炭、蛭石等轻质材料为宜,按照草炭∶蛭石(体积比)=2∶1进行混合,也可加少量的稻壳等。

温馨提示

基质搅拌均匀后,浇水至基质湿润,以手握基质微微有水滴为宜,这样的基质便于装盘。

(3)种子处理。播种前一天将种子晾晒,放入55℃的热水浸泡 25min，或用 10％的磷酸三钠溶液浸泡 20min，用清水洗净后用湿纱布包裹置于 25～30℃条件下催芽，当 70％以上的种子露白后即可播种。采用机械化播种时，通常采用包衣或丸粒化种子，确保播种均匀，不漏播、重播；采用人工播种则需要 1 穴播种 1 粒，通常播种量需要比用苗数多 10％～20％，播种后，上面覆盖一层薄薄的基质，以与穴盘上表面相平为宜，第一次浇水要浇透，直到穴盘底部有水渗出为止。

（4）苗期管理。在出苗前期，需要保持基质充分湿润，确保种子吸水充足。60％的种子出苗后要适当控制浇水次数，以控水为主，晴天时基质湿度保持在 75％～80％，阴天时基质湿度保持在 60％～65％。播种到出苗前，白天温度保持在 25～30℃，夜间在 15～18℃，低于 15℃不利于出苗；出苗后，白天温度保持在 20～25℃，避免形成高脚苗。

（5）炼苗。在定植移栽前 5～7d 时需加强通风，冬季需适当降低温度进行炼苗，夏季逐渐收起遮阳网，适当控制水分进行炼苗。冬季育苗时，尽量延长光照时间，确保幼苗进行光合作用，夏季育苗时，白天根据气温适时拉开遮阳网，加大通风力度，为幼苗营造一个良好的生长环境。

（6）壮苗标准。壮苗通常株高在 10～15cm，茎粗 0.3cm 以上，4～5 片真叶，节间短，叶色浓绿，叶片厚，根系发达，无病虫害。

3. 定植移栽 将搅拌均匀的基质装入栽培槽或基质袋中，于定植前 2～3d 浇足水分，使基质充分湿润，定植的密度根据栽培方式确定，一般每亩定植 2 000～2 500 株，定植后需立马浇透定根水，定植后 2～3d 内需检查苗的成活情况，及时进行补苗。

4. 定植后管理

（1）水分管理。樱桃番茄枝叶茂盛，是一种需水较多的蔬菜，同时樱桃番茄的不同生育时期需水量也不相同，整个生育期都要注意水分精准化管理，促进植株坐果和提高商品果品质。

一般而言，定植时浇透定根水。心叶转为嫩绿缓苗后，为了促进植株根系往下生长，需要适当控制水分，防止水分过多，植株徒长。结果盛期，蒸腾旺盛，水分的需求量变大，不能忽干忽湿，会造成裂果。通常在低温寡照的情况下，栽培基质水分含量维持在65%～70%；高温阳光强烈的情况下，基质湿度维持在70%～80%。

> 浇水还需注意在晴天上午浇水，阴天尽量少浇水或不浇水。

（2）施肥管理。有机基质栽培通常选择全营养水溶肥，随着滴灌系统滴定到植株根系，在第1穗花开花后要控制氮肥，控制茎叶生长，防止植株徒长导致开花推迟，落花落果，开花坐果后，追施磷肥和钾肥，提高果实品质。

（3）温度管理。根据樱桃番茄生长习性，保护设施栽培通过通风、设置遮阳网、使用水帘风机等措施来进行温度调节。白天温度保持在25～30℃，夜间温度在15～20℃，有利于植株生长。冬季早春季节低温弱光，尽量保证夜间温度不低于10℃，极端低温天气不低于5℃，高温高湿时要及时通风换气，控制湿度。

（4）湿度管理。通过控制浇水次数、风机开关时间等措施减少温室内湿度，空气湿度保持在60%～70%。

（5）光照管理。樱桃番茄是喜光作物，尽量保持大棚薄膜清洁，增加透光率，大棚薄膜选择温室大棚专用的散射薄膜为宜。

（6）整枝吊蔓管理。樱桃番茄植株整枝修剪管理是调节营养生长和生殖生长关系的重要措施，直接影响樱桃番茄的产量与品质。

①整枝方式。保护设施栽培常用的整枝方式有单干整枝和双干整枝，具体根据栽培密度决定。栽培密度大（2 500～3 000株/亩）时一般采用单干整枝；栽培密度小（1 500～2 000株/亩）时一般采用双干整枝。

②吊蔓落蔓。当植株长到20～30cm开始吊蔓，采用S形进行缠绕，每3个节位缠绕2～3圈以固定植株，在番茄第一穗果采收

后开始第一次落蔓，每次向下落 40～50cm 为宜，落蔓过多会影响植株生长，及时调整植株叶、花、果实植株的高度。

③修剪侧枝。合理规划侧芽修剪时间，侧芽长到 5～8cm 时及时打侧枝，一般 7～10d 进行一次。侧芽太长打侧枝浪费养分，易造成植株徒长；太早打侧枝，易增加打侧枝频率，从而增加劳动力成本。

温馨提示

打侧枝采用"抹杈"，尽量不要使用剪刀等工具，减少病菌传染的机会。

④摘除老叶。在第一穗果坐果后摘除下面 1～2 片老叶，在第一穗果转色后，下部的老叶全部摘除，一般哪穗果转色就可以摘除哪穗果实下部的叶片。摘除老叶过早会导致附近果实着色慢，口味差；摘除太晚会影响光照和下部通风。

⑤摘心。一般在采摘结束前 1 个月摘心，摘心时顶部穗果上部需留 2～3 片功能叶，不宜靠近果穗摘心，果穗上部叶片制造的营养物质运输到顶部果实，促进果实成熟，同时能够避免顶部果实暴晒，防止日灼病发生。

（7）保花保果管理。櫻桃番茄在低温和高温时容易发生落花落果，为了保证坐果率，通常采用三种方式进行保花保。一是熊蜂授粉，可以保证较高的坐果率，对植株和果实没有不良影响；二是振动授粉，每隔一天需振动一次；三是使用植物生长激素保花保果，常用的激素有 2,4-D 和番茄灵，2,4-D 适宜使用浓度为 15～20mg/kg，番茄灵适宜使用浓度为 25～50mg/kg，使用浓度随着温度高低调整。

（8）病虫害管理。櫻桃番茄有机基质栽培生长在一个相对可控密闭环境，病虫害相对较少，在植株生长健壮、通风透光性好的情况下，整个生育可实现无农药生产栽培。櫻桃番茄生长过程中主要注意的病害有病毒病、疫病、枯萎病；虫害有烟粉虱、螨虫、斜纹夜蛾等。

（9）采收。樱桃番茄果实成熟可分为四个时期：青熟期、变色期、成熟期和晚熟期。樱桃番茄采收可分为单果采收和成串采收，单果采收一般在变色期即转色至六成熟时开始采收，采收时连同果柄一起采摘，对于串收番茄，同一穗果实成熟度一致即可成串采收。

（聂　俊）

第六节
樱桃番茄水肥一体化技术

一、技术概念

　　水肥一体化技术是将灌溉和施肥融为一体的农业新技术，即根据作物的需水特性和养分需求规律，结合土壤或基质的水分、养分状况，借助压力系统（或地形自然落差），将可溶性的固体或液体肥料与灌溉水相互融合为肥液，通过可控管道系统以滴灌、喷灌的方式，使肥随水走，以水促肥，均匀、定时、定量的浸润作物根系生长发育区域的一项灌溉技术。此项技术需要按照作物种类和不同生育期的需水需肥规律设计水肥比例，来满足作物不同生育期水肥需求，这样可以保持根区土壤或基质疏松、水肥含量适宜，且保证水分和养分的按需且同步供应。

二、技术特点

　　（1）水肥一体化技术有利于提高水肥利用效率，实现水肥精准调控。该项技术根据作物不同生育期的水分和养分需求规律、根系土壤水分和养分状况等制定灌水和施肥制度，定时、定量地进行灌水和施肥，满足作物生长最佳水肥需求量的同时节约了灌水施肥量，提高了水肥利用效率，并且该技术通过封闭管道等设备将水分和养分直接供给到作物根系，减少了水肥在运输过程中无效水量损失，以及根系周围的深层渗漏损失和作物株间蒸发，提高了水肥利用效率，实现了水肥精准调控。

（2）水肥一体化技术有利于改善土壤环境。一方面减少了大水漫灌对肥料的淋洗和肥料的过量施用，有效避免了肥料对深层土壤的污染；另一方面减少了机械施肥对于土壤结构的破坏，有助于保持土壤平衡，保护土壤环境。

（3）水肥一体化技术有利于减轻农作物病虫害。由于该项技术采用微灌系统，灌水量少、灌溉区域小，降低了灌溉过程中水分的地面蒸发，使设施内环境湿度降低，有效减轻了由于高湿或高温引发的多种病虫害（如白粉病、霜霉病、疫病等），并在一定程度上减少了土传病害。同时该技术无须人工进入种植地施肥，减少了人与作物的接触，降低病原菌的入侵率，进而减少了农药的用量。

（4）水肥一体化技术有利于节约劳动力。该技术通过微灌系统和自动化的设备进行水肥同步灌溉，减少了人工成本。

（5）水肥一体化技术有利于提高作物产量。该技术有效控制了水分、养分的平衡供应，作物根系能够更好地吸收水分养分，满足了作物生长的最佳水肥要求，植株生长旺盛，利于增加作物产量。

（6）水肥一体化技术存在一定的局限性。该项技术前期对于微灌设备、水肥池或水肥罐等投资比较大，同时要求肥料具有较好的溶解度，否则容易造成滴头堵塞。

三、技术设备

水肥一体化设备主要由灌溉系统和施肥系统组成。

（一）灌溉系统

灌溉系统是水肥一体化系统的重要组成部分，一般由水源、首部控制枢纽、过滤器、输水管道和灌水器组成。

1. 水源 灌溉系统的水源一般可来自山泉、水库、水渠、江河和湖泊等，水源工程是灌溉系统的主要水源保障，水质需符合灌溉水的要求。

2. 首部控制枢纽 首部控制枢纽是灌溉系统的控制调配中心，

一般包括水泵、动力机、过滤器、施肥罐、控制与测定仪表和调节装置等。若水源的自然水头达到灌溉系统的压力需求,水泵和动力机可以省去。

3. 过滤器 过滤器主要是将水流过滤,防止灌溉水中泥沙及污物进入灌水系统堵塞灌水器,河流和水库等水质较差的水源需要建设沉淀池。

4. 输水管道和灌水器 输水管道包括干管、支管、毛管及一些调节设备;灌水器是灌水系统中的核心部分,通过流道或孔口将毛细管中的水变成滴状或细流状均匀施入根部土壤,主要包括滴头、滴箭、滴灌管和滴灌带等。

(二)施肥系统

施肥系统是在灌溉系统中向压力管道加入可溶解肥料的设备及装置。为防止水源污染和灌溉系统堵塞,肥料罐一般安装在水源和过滤器之间。主要有差压式施肥装置(旁通施肥罐)、文丘里施肥器、重力自压式施肥系统、泵吸施肥法施肥系统、泵注肥法施肥系统、比例施肥器及自动施肥灌溉系统等。

1. 差压式施肥装置 也称旁通施肥罐,由贮液罐、进水管、供肥液罐、调压阀等构成。差压式施肥装置主要是通过进水管和供水管之间的压力差将肥液带入灌溉系统,其优点是省时省事、成本较低;缺点是稳定性较差,施肥罐里肥料会逐渐减少,肥料的浓度不断降低,需要定时添加肥料。

2. 文丘里施肥器 文丘里施肥器和灌溉系统或者灌区入口处的供水管控制阀门并联安装,利用水通过文丘里管产生的真空吸力,将肥液从敞口肥料桶中均匀吸入管道系统进行施肥。其优点是无须外力驱动,吸入肥液量恒定;缺点是压力损失较大,一般适用于灌溉面积较小的地块,在施肥机上应用较多。

3. 重力自压式施肥系统 利用水位高差形成的压力将肥液注入灌溉系统进行施肥,其优点是成本低,易被用户接受,缺点是水压不能调整,难以实现自动化。

4. 泵吸施肥法施肥系统 利用离心泵将肥液吸入管道系统进

行施肥，其优点是结构简单、操作方便、施肥速度快，无须外加压力，在水量恒定时，可以按比例施肥；缺点是水源的水位需要专人看管。适用于任何面积的施肥，尤其是地下水位较浅的地区。

5. 泵注肥法施肥系统 利用加压泵将肥液注入有压管道，注入口可以在管道上的任何位置，泵产生的压力须大于输水管道的水压，否则肥料难以注入。其优点是操作方便，施肥速度和浓度均匀、可控。

6. 比例施肥器 主要是水动注肥泵，将比例施肥器安装在供水管路中，利用管路中水流的压力驱动，比例泵体内活塞做往复运动，将肥料浓缩液按照设定好的比例吸入泵体，与母液混合后进行施肥。其优点是无须电力驱动，采用水力驱动，可按比例添加肥液。

7. 自动施肥灌溉系统 自动灌溉施肥机是一个自动灌溉施肥系统，能够按照用户在可编程控制器上设置的灌溉施肥程序和EC/pH控制，通过机器上的一套肥料泵直接、准确地把肥料注入灌溉水管中，连同灌溉水一起适时适量地施给作物。其优点是浓度、流量控制精确。缺点是成本高，对操作人员要求高。

四、技术要点

（1）制定灌溉制度。樱桃番茄的需水特性由其品种、生育期及设施内土壤环境条件所决定，樱桃番茄在幼苗期和成熟期需水量较小，中间阶段生长旺盛，水分需求量相对较大。同时，土壤质地、团粒结构及地下水位深度会影响土壤的水分状况，需要根据土壤含水量调整灌水量。因此，要按照气候特点、樱桃番茄需水特性、生长周期和土壤状况制定灌溉制度，包括灌溉定额、灌水定额、灌水间隔期和灌水量。

（2）确定施肥制度。不同品种樱桃番茄对养分的需求量不同，对各种养分的吸收能力也存在差异，根系旺盛的品种一般养分吸收能力要高于根系较小且扎根较浅的品种，产量较高的品种对养分的需求量要高于产量偏低的品种；同一品种不同生育期对养分的需求量也不同，幼苗期植株生长量小，需要养分较少，随着植株生长，养分需求量会增加，因此要根据土壤养分状况、樱桃番茄品种及生长情况来确定施肥量。

温馨提示

> 施肥时需要注意选择溶解性好，并具有较高兼容性的肥料，避免选择有强腐蚀性或对灌溉水 pH 影响较大的肥料。另外，微量元素肥料不可与磷肥同时施用，易形成难溶解的磷酸盐，堵塞灌溉系统。

（3）建立水肥一体化系统。水肥一体化系统建立要根据设施栽培地形、面积、樱桃番茄的种植方式、水源位置等进行设计。种植地灌溉用水除自来水外，水源还可来自江河、湖泊、水井、坑塘等，水质具有一定的差异，部分水质较差的水源需要进行过滤才能达到灌溉用水的标准，因此要根据水源水质的情况在首部控制系统设置适合的过滤设备，对于水质较差的水源需要建设沉淀池，水池要加盖挡板，防止污物进入，灌溉系统水源入口管道要粗过滤，施工过程要细心，防止泥沙杂物进入管道，避免灌溉系统堵塞。对于溶解性较差的肥料要先过滤再进入管道，同时要注意定期维护，清洗过滤器。并且要选择强耐腐蚀性的贮肥罐。根据设施栽培具体的水肥一体化灌溉系统配套合适的施肥设备。

五、设施栽培水肥一体化技术

设施农业是我国农业的重要组成部分，随着设施栽培面积不断扩大，设施栽培技术的要求越来越高，水肥一体化技术的应用能够促进设施栽培优质高产，有利于设施农业的可持续发展。水肥一体化技术应用于设施樱桃番茄栽培，一般采用膜下滴灌或微喷灌，单棚采用压差式施肥罐或文丘里施肥器，多棚集中采用智能施肥机或注肥泵；设施中樱桃番茄的育苗一般采用微喷灌，需要安装悬挂式微喷头或自走式微喷设备，充分发挥节水省肥的优点，提高设施栽培生产效益。

六、大田栽培水肥一体化技术

大田水肥一体化技术的应用主要以水肥一体机为核心，建立一套水肥灌溉系统，包括水肥一体机、过滤设备、管道、阀门、微喷头、田间控制设备和管控软件等。主要分为非自动控制系统和自动控制系统。非自动控制系统即手动控制系统，许多操作需要人为手动进行，如田间控制设备的开启、关闭，随灌溉制度和用肥制度确定的灌溉时间、施肥时间、灌溉量、施肥量等，均需人工手动的操作控制设备。成本较低，不需要很高的技术含量，操作简单。而自动化控制系统即智能化水肥一体化系统，主要是根据樱桃番茄的需水需肥规律、土壤环境状况、降雨数据等方面的参数预先在操控电脑设备中，编辑好灌溉制度和施肥制度程序，通过电脑端软件设置需要的灌水量和肥液浓度，并按照设置的水肥比例和养分比例配制肥液，在灌溉过程中保持肥液浓度不变，保证了输出肥液浓度均匀，并在樱桃番茄生长过程中进行定时、定量、定向精准化、自动化灌溉施肥调控。自动化控制系统需要安装中央控制器、自动阀门、水分传感器、压力传感器等，成本较高，对操作人员的素质要求较高。

另外，随着农业信息化和物联网技术的发展，智慧农业成为现代农业发展的必然趋势。集成云计算和物联网技术等综合水肥一体化的系统也逐渐在大田种植中得到应用和推广。大田物联网综合水肥一体化系统由大田物联网综合服务平台、植株生长识别系统、自动气象站、土壤墒情监测站、田间智能灌溉控制系统、智能水肥一体机、传输系统、操作软件等组成。该系统主要是对大田中环境温湿度、降水量等农业气象要素，土壤水分、土壤养分、pH 等土壤环境数据，以及植株生长情况、生长周期、植株需水特性等信息进行全自动不间断监测，并通过互联网技术将获取的大田信息传输到云计算中心，之后经过植株生长模型、病虫害预警模型、专家知识库分析等，提出科学的水肥精准管理策略、病虫害预警和远程诊断等，实现大田水肥灌溉的智能化、自动化精准控制，节约了劳动力，提高了大田农业的水肥利用效率，提升了农业生产的科技应用水平，促进了大田生产的丰产优质、集约高效可持续发展，助力我国走向智慧农业，快速实现农业现代化。

（杨　鑫）

第七节
樱桃番茄工厂化育苗技术

工厂化育苗是传统育苗技术方式的重大变革,很大程度上摆脱了自然生产条件的束缚与地域限制,具有高标准、高效率、高质量的特点。我国樱桃番茄生产面临着较为严峻的连作障碍问题,而采用嫁接苗栽培是解决以上问题的主要手段。因此,我国樱桃番茄育苗多以工厂化嫁接育苗为主。

一、技术概念

樱桃番茄工厂化育苗是以草炭、蛭石、珍珠岩等轻型混合材料为基质,以穴盘为育苗容器,采用自动化播种生产线完成基质搅拌、装填、播种等作业。然后,再在工厂化设施中开展播种、出芽、成苗、嫁接、愈合、管理、出苗等作业的现代化育苗技术体系。该技术能够大幅提升育苗生产效率、规模、种苗质量,在樱桃番茄生产中得到广泛应用与推广。

(一)樱桃番茄工厂化育苗所需的基础设施

为满足樱桃番茄的周年生产,樱桃番茄工厂化育苗通常面临着较为严重的反季节逆境。因此,一定规模的育苗设施是必不可少的,如塑料大棚、连栋玻璃(或塑料)温室等。樱桃番茄育苗工厂建设涉及温室、生产车间等,整个园区设计要因地制宜,选好场地,合理规划。

(1)育苗温室。育苗温室是樱桃番茄育苗的承担主体,种类多样，可根据育苗规模和实际情况确定温室大小、类型等。此外，温室内需安装环境控制设备，开展控温、补光、遮阳等工作，进而能够创造出适宜幼苗生长发育所需的基本温度与光照，以保证种苗的健康生长。建设育苗温室需要充分论证，因地制宜。如在华南地区，较为重要的樱桃番茄冬种季节，需要在最炎热的夏季展开育苗工作，该季节温度高、光照强，在该地区建设设施首要考虑其降温、遮阳性能等。

（2）基质处理车间。樱桃番茄穴盘育苗生产规模大，基质用量多，且以复配型基质为主。建设基质处理车间，主要用于存放一定数量的育苗基质和摆放相应机械设备，开展基质自动搅拌、装盘、播种、覆土、浇水等作业。建设基质处理车间要考虑预留足够作业空间，保障通风性好、水电充足等。

（3）催芽室。工厂化育苗多采用种子直播技术，育苗温室不适宜的温度易导致种子发芽难、出苗整齐度差等。因此，直播后需将穴盘放入催芽室催芽。催芽室建设首先要考虑温度可控；其次，维持较恒定湿度，减少土壤蒸发；最后，根据生产实际情况，考虑建设空间等。

（4）嫁接车间。目前嫁接育苗主要以人工为主，辅助嫁接设备为辅。嫁接操作车间主要用于摆放嫁接流水线，方便嫁接工人开展嫁接工作等。

（5）嫁接愈合室。嫁接苗嫁接后需要立即转入愈合室进行嫁接愈合，嫁接愈合期间要综合控制温度、湿度和光照等。嫁接苗愈合期一般较为集中，短时期内愈合嫁接苗量极大，因此多采用立体愈合。

（二）樱桃番茄工厂化育苗所需的基础设备

（1）基质处理设备。成型基质配备需要将不同的基质原料进行搅拌、混合、消毒等，常用的基质处理设备有基质搅拌机、基质消毒机等。

（2）播种生产线设备。需要在播种车间内完成基质的装盘、播种、覆土、浇水等全过程。可配套自动精量播种生产线以减少人工投入，主要包括穴盘清洗消毒机、送料及基质装盘机、压穴及精播机、覆土机和喷淋机等部分。

（3）嫁接流水线设备。主要用于提升人工嫁接效率，改善嫁接工操作环境。其中，全自动嫁接机仍处于研发和试验阶段，相比于人工，嫁接机生产效率和成本仍然偏高。

（4）催芽愈合设备。催芽和愈合两个过程都需要严格控制温湿度，功能类似，一般都需配备可移动的育苗多层推车，下部装置方向轮，以便推运和转移种苗。此外，也可以在推车上配备 LED 灯管等设备，用于催芽和嫁接愈合期间的补光。育苗层架高度和宽度要与催芽室、愈合室以及穴盘规格相互匹配。

（5）水肥一体化设备。育苗管理过程需要科学的水肥管理，主要通过水肥机、营养液罐与移动喷灌车等水肥一体化设备来代替传统人工浇水、施肥，实现种苗水肥的精准管理。

（6）苗床。苗床为穴盘提供支撑空间，具有多种规格，主要有移动式网片育苗床、自动化程度高的物流式苗床等。苗床的选择可根据实际情况，以经济有效的利用空间、提高单位面积的种苗产出率、便于机械化操作为目标；以材料耐用、低耗为原则。

二、技术特点

目前我国樱桃番茄育苗以工厂化育苗为主，但是也存在农户自主育苗的情况。工厂化育苗相比传统育苗，具有生产效率高、种苗质量好、供应稳定等特点。

1. 技术优点

（1）育苗技术好，管理科学。种苗质量高，带病少，生长整齐，质量轻，根系发达，便于分苗、长距离供应与销售，移栽根系伤害小，易成活。

（2）生产效率高、规模大。先进的育苗工厂往往配备自动化生产线、嫁接流水线、水肥一体化设备等，能够开展工厂化作业，大幅提升生产规模和生产效率。

（3）设施土地利用效率高。为提高生产效益，工厂化生产多采用高密度育苗的方式来大幅提升单位土地的种苗产出数量。

（4）出苗可控性高。育苗周期稳定，能够根据订单，科学安排出苗时间、出苗大小。

（5）种苗供应稳定。育苗设施具有较强的温度和光照调控能力，能够较好地抵御多种自然灾害，缩短育苗周期，保障种苗在反季节稳定生产供应。

2. 技术缺点

（1）生产成本高。建设育苗工厂投资较大，包括育苗设施、生产车间、催芽室、苗床、穴盘、作业机械、基质等大量成本投入。

（2）管理技术难。种苗生产涉及生产管理、设施设备操作、病虫害防控等多个过程，技术难度高，专业人才相对匮乏。

（3）商品苗价格贵。工厂化育苗生产成本普遍偏高，育苗过程中对种子、肥料、基质等质量要求也较高，种苗质量好，价格偏贵。

（4）育苗用工难。工厂育苗企业多建设在人口密度较低的乡镇区域，育苗季短而集中，且需要临时聘请大量熟练的育苗操作工，难度高。

（5）经验式管理，数字化水平低。工厂育苗管理目前仍以经验为主，对管理人才的依赖度极高，缺乏科学的数字化管理方案。

三、嫁接育苗技术

番茄嫁接育苗是近年来成功用于番茄生产的一项技术。番茄砧木抗性好，能够抵御多种番茄病害，砧木嫁接所生产出的嫁接种苗抗青枯病、根结线虫病等，较成功地解决了番茄连作障碍问题，促进了樱桃番茄产业的快速发展。此外，番茄嫁接方法相对简单且成活率高，目前熟练的嫁接工嫁接成活率可达98%以上，容易实现番茄嫁接苗工厂化生产。本部分主要以番茄套管斜切嫁接育苗技术为例介绍樱桃番茄工厂化嫁接育苗技术。

1. 基质的配备　用量可以根据穴盘装盘量来换算，一般每1 000盘标准72孔穴基质用量约4.6m³。基质可按照进口草炭、蛭石、珍珠岩按3：1：1的体积比配制。基质每立方米可用100g多菌灵进行消毒，基肥则加入氮、磷、钾含量为20‒20‒20的育苗专用肥1kg，各成分充分混合均匀，装盘。

2. 播种与催芽　首先确定砧木与接穗，目前国内外报道的番茄砧木品种较多，归纳起来主要有两大来源：一是从国外直接引进，二是从野生番茄中筛选出来。引进番茄砧木品种主要来自日本和荷兰。目前华南地区主流的番茄嫁接砧木仍以托鲁巴姆茄子砧木为主，该砧木种子价格便宜，抗性强。主要缺点在于种子发芽不整齐，出苗率偏低，砧木育苗周期时间长。接穗的选择，可根据市场、栽培目的与生产环境综合考虑选择抗性好、品质优的品种。

选择合适的品种后，播前检测发芽率，种子发芽率大于90%，可采用自动播种机播种，播前进行种子包衣等专业化处理，以提高种子发芽整齐度及预防种子带毒带菌。直播穴盘育苗也可采用人工播种，播前用温汤浸种法对种子进行消毒，播前用10%磷酸三钠处理20min，然后用清水将种子上的药液冲洗干净，催芽，待种子露白再播种，这样种苗大小均匀且空穴少，基质利用率高，成本降低，但费工费力。播种时基质装盘要松紧适宜。播种深度1cm左右，覆土后，浇透水放入催芽室内催芽。催芽室温度管理为白天28℃，夜间22℃，3d左右后种子开始拱土，及时将苗盘摆放进育苗温室。此时可适当控制基质中的水分，保持在饱和持水量的70%左右。同时降低温度，尽量使白天保持在20～25℃，夜间10～15℃。同时保证一定光强，如遇长时间弱光天气，则需要适当补光，否则易发生徒长。

3. 苗床管理

（1）温度管理。夏季高温季节以降温为主，尤其防止夜间高温使幼苗徒长。如果连续夜间温度过高，可采取控制水分的方法，防止夜间徒长。另外，夏季浇水以清晨为主，下午或傍晚避免浇水。冬季夜温偏低时，可考虑采用加温设施，保持夜温不低于13℃。3

片真叶后可以适当降低温度，控制水分，进行炼苗，但最低温度不能低于10℃。

（2）水分管理。播种至出苗，保持基质含水量85%～90%；子叶展平至2片真叶时，保持基质含水量65%～80%；3片真叶至成苗，保持基质含水量60%～65%；出圃前炼苗期，保持基质含水量45%～55%。

（3）施肥管理。在子叶平展至第2片真叶展平后，可施用一定量育苗专用水溶肥。

（4）补苗与分苗。在子叶展开时，应尽快进行分苗和拼盘。将空的穴盘格子补齐，同时检查每穴中的苗数，多于1株的应进行分苗，保证1穴1株。

（5）嫁接。番茄嫁接苗的育苗天数一般夏季25d左右，冬季45d左右，其中采用茄子托鲁巴姆番茄砧木的番茄嫁接苗生长周期较长，一般在2个月左右，因此，需要提前1月左右播种。此外，砧木、接穗的播种时间应以嫁接时二者下胚轴直径一致为最终依据，详细准确的播种时间需要针对不同气候环境，提前展开实地小规模试验确定。此外，番茄接穗和茄子砧木嫁接时期的选择一般因嫁接方法而有一定差异，可根据不同情况选择合适嫁接时期。目前樱桃番茄嫁接以套管贴接法为主，嫁接育苗时接穗和砧木茎粗到达3mm左右，5～6片真叶，嫁接前喷一遍广谱性杀菌剂以预防嫁接时感染病害。嫁接选用专门的嫁接套管或嫁接夹，目前用于番茄嫁接的套管或嫁接夹有多种规格，使用时可根据番茄茎的粗细选择。嫁接应在遮阳的环境中进行，嫁接前应对操作台、嫁接刀、操作人员的手等进行消毒。嫁接时在砧木子叶上方0.3cm处成30°角向下切断，套上嫁接夹，嫁接夹底部正好抵住子叶，然后在接穗第1片真叶下0.3cm处成30°角与砧木相反的方向切下接穗，插入嫁接夹，嫁接后砧木接穗两切面充分贴合，使无缝隙。

（6）嫁接后管理。番茄苗愈合时需要置于弱光高湿的环境中，相对湿度90%左右。嫁接48h后，可逐渐增加光照，白天温度保持在 25℃左右，夜间不低于 18℃，相对湿度 90％左右，4～6d 后伤口即可愈合。伤口愈合后逐渐移入正常光照区内，按常规管理即可。苗厂嫁接成活率要求在 98％，一般需要聘请或培训专业嫁接工人。

嫁接苗成活后应及时去除砧木上长出的不定芽，保证接穗健康生长。

（7）商品苗苗龄与商品苗标准。不同季节及不同孔穴穴盘存在差异，可根据具体客户需求确定出苗大小。

（8）商品苗运输与贮藏。商品苗达到客户要求标准后，可以通知客户发苗。发苗时将穴盘放入特制的纸箱或立体架上，以保证单位体积运输尽量多的种苗又不发生挤压。运输过程中要注意防止风害、热害、冷害及长时间运输带来的种苗质量裂变，影响定植成活率及后期生长。

（曹海顺）

第八节
粤西冬季樱桃番茄露地高效栽培技术

露地栽培是我国大部分地区樱桃番茄的主要栽培方式。露地栽培可利用自然条件，生产成本较低。广东、海南、云南和广西是我国冬季樱桃番茄的主要生产地区。粤西地区包括茂名、阳江、湛江，冬季气温较高，一般都在10℃以上，低于5℃的天气极少，因此常被称为天然温室，适合冬季樱桃番茄种植。

一、品种选择

粤西地区冬季樱桃番茄种植时间一般是8月中下旬播种，9月中下旬定植，12月开始采收，翌年5月结束采收，适合该地区该时间段露地栽培的品种较多。目前主要栽培品种为千禧，还有少量的粤科达101、玉女、金玲珑等。

温馨提示

种植户为了樱桃番茄提前上市，将播种期提前至7月，8月中旬定植，9月下旬可能遇到39℃以上高温，导致落花落果，前期产量损失严重，植株徒长，中后期病毒病严重，樱桃番茄产量损失严重，若需提前种植，一般应选择耐高温、抗病毒病的优良品种。

二、播种育苗

粤西地区樱桃番茄栽培过程中，常常发生青枯病、枯萎病、根腐病等土传病害，严重影响植株生长，所以一般使用嫁接苗。而选择种植抗青枯病等土传病害的品种，也可直接育苗，即采用实生苗。

三、整地定植

1. 选地整地 根据樱桃番茄的发育特性，一般选择土层深厚、富含有机质且排灌方便的沙壤土。前茬最好种植水稻或其他水生作物，樱桃番茄定植前约30d深翻地约30cm，晒田至土面泛白。每亩撒施50～100kg生石灰进行消毒。起垄作畦，按南北走向作定植畦，单行定植，畦面宽约85cm（包沟）、高约25cm。双行定植，畦面宽约150cm（包沟）、高约25cm。

2. 施足基肥 整地前要施足基肥，以腐熟农家肥为主，具体视土壤肥力而定，一般亩施有机肥1 500～2 000kg，复合肥30～40kg、花生麸20kg和适量的硼砂。

3. 覆盖地膜 施完基肥，铺设喷灌带后进行地膜覆盖。地膜为黑色、银白色两色膜，为预防前期高温及蚜虫，一般银白色朝上。

4. 合理密度 定植最好选择晴天傍晚或早晨进行，避免中午前后。嫁接苗生长势较强，要科学合理密植，从产量、品质、病虫害防控多方面考虑。一般双行定植，株行距60cm×80cm，每亩定植800～1 000株。茄砧类型樱桃番茄嫁接苗的分枝性强，不宜密植。每亩定植600～800株，株行距100cm×120cm。实生苗可适当密植，每亩定植1 500～2 000株，株行距40cm×60cm。

5. 注意事项 定植后可用30%噁霉灵水剂600～800倍液、或50%福美双可湿性粉剂600倍液、或3%中生菌素可湿性粉剂600～800倍液进行灌根，预防烂根或死苗。浇足定根水后，覆土封闭定植孔。

温馨提示

　　注意覆土不要盖住嫁接口，土壤表面最好低于嫁接口5～6cm，接口以下砧木的萌芽要适时抹掉。

四、田间管理

　　樱桃番茄定植后，田间管理技术主要包括搭架绑蔓、整枝修剪、水肥管理、病虫害防控等。

　　1. 搭架绑蔓　植株株高15cm左右开始搭架、整枝，粤西地区常受台风影响，搭架需要考虑到对台风有一定的抵御能力。当地种植户习惯采用"人"字形（人形架）和"井"字形（平行架）搭架方式（图3-8和图3-9），"人"字形搭架的材料长1m左右，在每株番茄外侧8～10cm处各插一根，将相邻的四根架材架头绑在一起，或者架头交错，上面绑一根竹竿，在每一穗果的位置拉一条尼龙绳，这种方式支架稳固，可防止果实日灼烧及土壤水分蒸发，但是通风透气较差，易造成后期田间郁闭严重，内部光照不足。"井"字形搭架一般是沿畦沟边缘垂直插两排竹竿或4分钢管，在150cm处横向绑一行架材，采用绑带固定，每个畦头位置会交错斜插3根架材，并在架头处固定，以增加整个搭架的稳定性，分层牵绳绑定或在支架上铺设网格形种植网，使用绑枝机将番茄茎蔓沿绳

图3-8　"人"字形搭架　　　　图3-9　"井"字形搭架

子或种植网垂直绑定。"井"字形搭架较为稳定，植株受阳光照射面积较大，适宜樱桃番茄生长。

2. 整枝修剪 搭架后开始整枝，整枝是樱桃番茄栽培管理的重要工作。嫁接樱桃番茄具有分枝力强、茎叶繁茂的特点，为改善植株的光照、通风条件，协调营养生长与生殖生长的矛盾，减轻病害发生，需对植株进行整枝。整枝情况视种植密度而定，种植密度大的留枝少，疏植的留枝稍多，如株行距为 60cm×80cm（亩种植约 1 000 株）的，一般实行三干整枝，除留主枝外，再留 2 个侧枝（留第一花穗下和第一花穗上的 1 个侧枝）。如株行距为 100cm×120cm（亩种植约 600 株）的，一般实行四干整枝，除留主枝外，再留 3 个侧枝（留第一花穗下和第一花穗上的 2 个侧枝）。植株生长初期，应待侧枝长 4～5cm 时，分期分次摘除。采用绑枝机绑蔓，每次绑蔓，尽量将枝条平行绑定，以便控制植株的高度。结果盛期以后，摘除下部老叶、黄叶及病叶，加强通风透光，减少呼吸消耗，减轻病害发生。同时也要保证果穗上部有适当叶片或枝条遮挡，避免阳光直射而灼伤果实。

3. 水肥管理 采用肥水一体化技术，肥水管理宜遵循少量多次的原则，整个生长期特别是在结果期保持土壤比较湿润，防止忽干忽湿；用水溶性肥料进行滴灌，主要抓好促苗肥、促果肥和补充施肥。前期控制施肥，防止徒长，当第二穗花坐果后，可以追肥，适当增加营养液的离子浓度。番茄喜钙、硼元素，缺钙会导致裂果及产生脐腐病；缺硼生殖器官发育不良，影响受精，导致糖运输受阻及新生组织形成受阻。番茄开始坐果后，可用 1% 过磷酸钙或0.2% 氯化钙进行根外追肥，从开花坐果期开始，每隔 15d 喷 1 次，能减轻裂果；在始花期、幼果期分别用硼酸 800～1 000 倍液或0.3% 硼砂液作根外追肥，提高植株的抗病能力和结果率；在樱桃番茄结果期，喷施磷酸二氢钾、氨基酸叶面肥，也可在营养液中增加适量的微生物菌肥或有机质，提高果实甜度及品质。

4. 病虫害防控 粤西地区的主要病虫害为青枯病、病毒病、烟粉虱、美洲斑潜蝇等，应以预防为主，及时采取相应的措施。在整个樱桃番茄生长周期，定期施用低毒的杀菌杀虫药，每月1~2次。

（1）青枯病。病株死时仍保持绿色，病茎中、下部皮层粗糙，常长出不定根和不定芽，病茎维管束变黑褐色。高温、高湿、偏酸性条件下易发病，排水不良，种植畦过低，加重病害发生。

防控措施：选用抗病品种或抗逆性强的砧木，种植嫁接苗；适量施用石灰，调节土壤酸碱度；采用高畦种植，种植不宜过深；小水勤灌，及时排除田间积水。

（2）病毒病。樱桃番茄病毒病有多种类型，由于粤西地区属于热带亚热带气候，主要有黄化曲叶病毒病、花叶病毒病和卷叶病毒病。

①黄化曲叶病毒病。染病樱桃番茄初期主要表现为植株生长缓慢或者停滞，节间变短，明显矮化，叶片变小、变厚，叶质脆硬，有褶皱，向上卷曲、变形，叶片边缘至叶脉区域褪绿黄化，以植株上部叶片为典型，下部老叶症状不明显。感病后期坐果很少，果实变小，膨大速度极慢，畸形果多，成熟期的果实不能正常转色，如在开花之前感病，果实的产量和商品价值均大幅下降。

②花叶病毒病。染病樱桃番茄植株顶部叶片变小皱缩，叶缘逐渐黄化并向上卷曲；植株生长变缓甚至停滞，明显矮化变小。在生长发育早期染病的樱桃番茄植株严重萎缩，开花坐果困难；在生长发育后期染病的樱桃番茄植株仅上部叶片和新芽表现症状，结果少且小，严重影响樱桃番茄的产量及品质。

③卷叶病毒病。染病后，樱桃番茄叶脉间黄化，叶边缘向上弯卷，中叶呈球形，扭曲成螺旋状畸形。

防控措施：选用抗病品种是防控樱桃番茄病毒病最经济有效的防控措施。及时彻底清理发病的植株，把发病植株带出田间并集中销毁。在田间进行整枝打叉、绑蔓等农事操作时，先对健康植株操作，最后对病株进行处理。操作前最好用3%磷酸三钠溶液对双手和工具进行消毒，避免病毒经手或工具传染。

温馨提示

注意防控烟粉虱、蚜虫等刺吸式害虫。烟粉虱等是病毒病的主要传播媒介，可采用田间悬挂黄板等绿色防控技术。

五、果实采收

果实北运或出口，需要长途运输，在转色50％左右即可采摘；当地销售则可在成熟期采收，并以晴天上午采收为佳。

生产中容易出现的问题及解决对策

问题一：裂果　樱桃番茄裂果主要因为品种和环境因素导致。在果实发育后期或转色期，遇到高温、强光照射、干旱，尤其是久旱后灌水过多，果皮的生长与果肉组织的膨大速度不同步，膨压增大，则出现裂果。[解决对策]：植株整枝整叶过程中，在每穗果实上面留1～2片叶，防止强光直射。田间要小水勤浇，忌大水漫灌，防止土壤水分急剧变化而造成裂果。增施钾肥可使果皮增厚，减少裂果。

问题二：寒冻　广东西部1月或12月可能会出现短暂的低温（5℃以下），低温会导致植株生长缓慢、落花落果等。[解决对策]：樱桃番茄是喜温作物，选地时地块应选在阳面，植株行向为南北走向，保证南北对流。种植时，用地膜进行覆盖，遇冷可起到一定的保温效果。田间及时补充肥料，特别是大量元素，植株生长旺盛利于抵御冷害。叶面喷施磷酸二氢钾和适量激素提高植株抗寒性。往田块灌水，沟里有水流，可适当提高田间温度。

问题三：高温　广东西部8月和9月易遇高温天气，这两个月樱桃番茄处于定植至第一、二穗的开花状态，这段时间遭遇高温会导致植株生长受限或落花、落果等。[解决对策]：选择田块避免低洼地，应选高处向阳、通风好地块，有条件可适当遮阳，如用少量稻草遮阳，整枝时多留叶片；培育壮苗，施足基肥，适当追施钾肥。

（李艳红）

病虫害是影响设施櫻桃番茄品质和产量的重要因素，櫻桃番茄病虫害综合防控应采取预防为主、综合防控的方针，以病虫害监测为基础，以主要病虫害为主要防控对象，遵循病虫害综合治理基本原则，优先采用农业、物理和生物防控措施，辅以科学合理的高效低毒化学农药防控，达到有效防控病虫害目的。

一、主要病虫害

（一）生理性病害

生理性病害是指由非生物因素，即不适宜的环境条件引起，如缺素、干旱、水涝等，这种病害不能在植物个体间互相传染，也称非侵染性病害。櫻桃番茄主要生理性病害有缺镁、缺硼、脐腐病、生理性裂果、畸形果等。

1. 缺镁

（1）症状。首先表现在老叶或下部叶片，叶脉间黄化，逐渐向上部叶延伸，形成黄花斑叶，叶片脆性增大或叶缘向上卷，叶脉间出现坏死斑和褐色斑块。严重时整株枯死。缺镁多在结果期出现症状，盛果期症状严重，可造成整个植株死亡。

（2）防控方法。合理施肥，根据土壤的营养含量和番茄各生育时期对养分的需求，采用测土配方施肥方法，均衡施肥，当镁不足时，施用含镁的复合肥料；初发生缺镁时，及时喷洒含镁叶面肥，补充叶片、花、果实对镁元素的需要；合理追肥，在番茄的生长发育期内根据其营养需求，追施镁肥，改善植株生长。

2. 缺硼

（1）症状。植株的生长点受抑制，节间变短，植株矮化；根系发育不良，侧根减少，容易出现黑褐色坏死；在主茎上出现缢缩或槽沟开裂，逐渐造成植物萎蔫；叶片由外缘向内黄化；花小花弱甚至开花异常，花粉生活力弱，影响坐果率；果实出现木栓化、裂口或出现坏死的锈色斑，严重时出现果实坏死。

（2）防控方法。合理施肥，根据土壤的营养含量和番茄各生育时期对养分的需求，采用测土配方施肥方法，均衡施肥，当硼不足时，施用含硼的复合肥料；初发生缺硼时，及时喷洒 $0.1\%\sim0.2\%$ 的硼砂、硼酸溶液或含硼叶面肥；追肥应根据樱桃番茄的生长发育期营养需求，合理追肥。

3. 缺磷

（1）症状。植株下部叶片变绿紫色，并逐渐向上部叶片扩展，叶片小、失去光泽进而变成红紫色，并轻度硬化；果实小，成熟晚，产量低，带有酸味。

（2）发病原因。低温容易导致樱桃番茄缺磷，周围环境突然降温容易影响对磷的吸收；定植移栽时伤根断根，致使对磷的吸收不佳；土壤缺磷。

（3）防控方法。合理施肥，根据土壤的营养成分含量和番茄各生育时期对养分的需求，采用测土配方施肥方法，施用含磷的复合肥料；注意防寒，棚室可在寒潮或急剧降温前迅速封闭，点燃烟剂或采用增温设施保温；适量使用磷酸二氢钾有效补充磷。

4. 缺铁

（1）症状。植株顶部叶片呈现斑点状黄化、叶缘黄化或均匀黄化，叶脉仍绿，病健部交界不明显，逐渐向下部叶片发展，严重时引起植株组织坏死。碱性土壤或石灰性土壤施用铁肥容易被氧化沉淀而无效，较易发生缺铁。

（2）防控方法。合理施肥，控制磷肥、钾肥、锌肥和中微量元素肥的用量，既不超量也不少量，避免由钾等元素不足而引起的缺铁症。改良土壤，降低土壤 pH，提高土壤的供铁能力；喷施叶面肥，初发生缺铁时喷施 0.2%～0.5%的无机铁或螯合铁叶面肥。

5. 脐腐病

（1）病状。脐腐病发生在果实上，青果期至着色期易发，脐部形成水渍状暗绿色病斑，逐渐变成褐色或黑色。随病情发展，病斑扩大至半个果面，病部果肉溃烂收缩。空气湿度大时，易被空气中的腐生病菌侵染，形成黑色或红色霉状物。

（2）发病原因。番茄坐果期，环境燥热干旱，水分供应缺乏，叶片因蒸腾作用与其他组织器官进行水分争夺，番茄叶片的细胞渗透压比果实的细胞渗透压高，水分被叶片夺取，果实的远点脐部因大量缺水引起组织坏死，生长发育受阻，形成脐腐。樱桃番茄在生长发育过程中缺钙，引起脐部细胞生理紊乱，引发脐腐病。

（3）防控方法。根据土壤墒情酌情浇水，保持土壤湿润，切忌土壤过分干旱。花序开花坐果时浇缓苗水。科学施肥，施足基肥，合理追肥，初发生脐腐病时，可使用石灰粉或碳酸钙均匀翻入耕层或基质中，也可喷洒液体钙叶面肥。

6. 生理性裂果

（1）病状。樱桃番茄裂果有如下几种类型：放射状裂果以果蒂为中心，向果肩部延伸，呈放射状深裂，开始于果实绿熟期，在果蒂附近产生微细的条纹状开裂，转色前 2～3d 裂痕明显；环状裂果以果蒂为圆心，呈环状浅裂，一般在果实成熟前出现；条纹状裂果在果实的底部、顶部和侧面发生开裂，呈纵向、横向或不规则开裂。

（2）发病原因。昼夜温差大，环境变化剧烈，如天气阴晴忽变，果肉的生长速度与果皮的生长速度不同步，从而出现裂果。另外，温度高或光照强的条件下，果面温度升高，容易导致表皮细胞压力变大，果皮的韧度与硬度随之降低，而此时果实可溶性固形物含量高，果实生长速度快而果皮的韧性降低，导致裂果。水分失调，灌溉不当或干旱后突遇暴雨，果实中水分短时间内增多，增加了果实膨压，果皮承受不了压力导致裂果。硼、钙等元素吸收障碍也会导致裂果。成熟后采摘不及时，果实过分成熟自然裂果。

（3）防控方法。选用肉厚、抗裂、耐热、耐贮运的优良品种；加强栽培管理，防止环境的剧烈变化，可通过开关棚室风机、侧窗、天窗调节棚内的温湿度，大田栽培采取多留侧枝、晚打侧枝的方式，可以控制植株旺长，防止阳光直射果面；合理的水肥供应，进入膨果期后，及时追肥浇水，避免过干过湿及大水大肥；保证硼、钙等元素的充足供应，在果实生长发育期每7～10d喷洒一次含硼、钙、镁等中微量元素的叶面肥；及时采摘樱桃番茄，避免因过熟造成裂果。

（二）侵染性病害

侵染性病害指植物受病原物（如病毒、真菌、细菌等）引起的有传染能力的病害，又称寄生性病害或传染性病害。樱桃番茄主要的侵染性病害有黄化曲叶病毒病、斑萎病毒病、花叶病毒病、褪绿病毒病、青枯病、早疫病、晚疫病、枯萎病等。

1. 黄化曲叶病毒病

（1）病原。由番茄黄化曲叶病毒（*Tomato yellow leaf curl virus*，简称TYLCV）引起。

（2）症状。主要危害樱桃番茄叶片、果实和整株植株，感病植株矮化，生长缓慢或停滞，顶部叶片常稍褪绿发黄、变小，叶片边缘上卷，叶片增厚，叶质变硬，叶背面叶脉常显紫色。生长发育早期染病植株严重矮缩，无法正常开花结果；后期番茄植株明显矮小，果实畸形。

（3）传播途径和发病条件。该病毒由烟粉虱传播，也可通过嫁接传播。烟粉虱若虫和成虫通过取食发病植株汁液获得病毒，然后再通过取食健康植株传播病毒。番茄收获后，烟粉虱转而取食杂草等中间寄主植物，待番茄再次种植时，又开始新的侵染循环。

（4）防控方法。选用抗黄化曲叶病毒病品种；设施棚室用60目以上网纱进行物理隔离；种子育苗前使用55℃水拌种消毒，或10%的磷酸三钠溶液浸种20min，用清水洗净后再播种；定植时不要损伤植株，一旦发现感病植株立即清除；田间消灭烟粉虱等媒介害虫；药剂防控见附录3。

2. 烟草花叶病毒病

（1）病原。由烟草花叶病毒（*Tobacco mosaic virus*）引起，简称 TMV。

（2）症状。主要危害樱桃番茄叶片、果实和整株植株，有花叶、蕨叶、条斑、卷叶、巨芽、丛枝、坏死、矮化、皱缩、畸形等多种症状。

（3）传播途径和发病条件。病毒在种子上或病残体上越冬，通过蚜虫吸取汁液传播，也可通过田间操作传播。在高温干旱的气候条件下容易发病。

（4）防控方法。应注意防控蚜虫，其他方法同黄化曲叶病毒病。

3. 黄瓜花叶病毒病

（1）病原。由黄瓜花叶病毒（*Cucumber mosaic virus*）引起，简称 CMV。

（2）症状。主要危害樱桃番茄叶片、果实和整株植株，叶片出现黄绿色病斑、叶脉仍绿，生长点附近的叶片花叶、叶柄小，甚至顶端坏死，植株矮化、果实畸形，严重时整株枯萎死亡。

（3）传播途径和发病条件。该病主要由蚜虫传播，发病条件与烟草花叶病毒病相似。

（4）防控方法。应注意防控蚜虫，其他方法同黄化曲叶病毒病。

4. 番茄花叶病毒病

（1）病原。由番茄花叶病毒（*Tomato mosaic virus*）引起，简称 ToMV。

（2）症状。主要危害樱桃番茄叶片、果实和整株植株，初发病时，叶片出现绿色深浅不匀的斑驳，叶片不变小、不畸形，植株不矮化；严重时叶片黄绿、凹凸不平，新叶细小、畸形扭曲，叶脉变紫，花芽分化能力减退，出现落花落蕾，果小质劣且花果，植株矮化。

（3）传播途径和发病条件。主要通过农事操作、机械摩擦、汁液传播。种植过密，易使摩擦增加，从而使病害加重。肥力不足，缺少钙、钾、磷等元素，排水不畅等往往造成植株生长不良，加重该病发生。

（4）防控方法。农事操作用过的工具、器材及时消毒处理，单株操作后须消毒后再换株操作，接触过病株的手用肥皂水或洗手液消毒，防止通过农事操作再次传播；其他方法同黄化曲叶病毒病。

5. 斑萎病毒病

（1）病原。由番茄斑萎病毒（*Tomato spotted wilt virus*）引起，简称 TSWV。

（2）症状。主要危害樱桃番茄叶片、茎和果实，新叶黄色或铜色上卷，出现很多黑色点状病斑，叶背面叶脉变紫，病株矮化伴有落叶萎蔫，青果出现褪绿环斑，产生褐色瘤状坏死斑，果实易脱落，成熟果实染病轮纹明显，褪绿斑突出，严重时全果僵缩变小，失去食用价值。

（3）传播途径和发病条件。该病毒以蓟马为媒介传播，也可以通过机械传播，蓟马通过咬食带毒植株获毒，在体内扩增并且在整个发育阶段存活，然后再通过咬食其他健康植株传毒。

（4）防控方法。选用抗病品种；一旦发现感病植株立即清除，清除周边杂草防止蓟马寄生、交叉感染；药剂防控和其他防控措施同黄化曲叶病毒病。

6. 褪绿病毒病

（1）病原。由番茄褪绿病毒（*Tomato chlorosis virus*）引起，简称 ToCV。

（2）症状。主要危害樱桃番茄叶片、茎和果实，植株滞育矮化，顶部叶片黄化，下部成熟叶片的叶脉间轻微褪绿黄化，感病叶片变脆且易折，果实小、不能正常膨大。

（3）传播途径和发病条件。通过媒介害虫烟粉虱等传播，高温干燥的气候条件利于烟粉虱的发生、繁殖与传播，从而导致该病严重发生。

（4）防控方法同黄化曲叶病毒病。

7. 青枯病

（1）病原。由茄科劳尔氏菌（*Ralstonia solanacearum*）引起，俗称青枯菌，属劳尔氏菌科劳尔氏菌属。青枯菌有多个生理小种，不同作物上的青枯菌分属于不同的生理小种。

（2）症状。该病发生初期顶部新叶萎蔫下垂，后期整株樱桃番茄凋萎，但茎叶仍保持绿色。前期植株叶片白天出现萎蔫，傍晚以后恢复正常，后期扩展至整株萎蔫时，不再恢复，整株叶片萎蔫、枯死，叶片仍呈现灰绿色，茎基部木质部维管束变褐并向上蔓延，在清水中会有白色黏液溢出。

（3）传播途径和发病条件。病原菌可通过雨水、灌溉水、操作工具等传播，由植株的伤口以及气孔侵入到植物体内，再通过维管束侵染到植株其他部位。高温高湿、营养液或土壤 pH 偏酸时易诱发青枯病发生。

（4）防控方法。选用抗青枯病品种；加强栽培管理，雨后及时排水，及时清除病株，调节土壤或营养液 pH，增加田间通风；药剂防控见附录 3。

8. 灰霉病

（1）病原。由灰葡萄孢菌（*Botrytis cinerea*）引起，属半知菌亚门葡萄孢属。

（2）症状。主要危害樱桃番茄叶、果实，通常病部表面会产生一层灰色霉层。苗期感病时，地上部嫩茎首先呈水渍状溢缩变褐，自上向下折倒，感病叶片呈水渍状腐败。成株期叶片一般从叶尖开始发病，病斑褐色呈水渍状，随后迅速向叶内扩展成大型水渍状褐斑。茎部感病时初呈水渍状小点，病斑迅速扩展，呈长椭圆形，严重时会导致植株自病部向上发生萎蔫，甚至枯死。病原菌也能够从花瓣或柱头处侵染花器，引起花腐、落花。病原菌侵染果实后，通常先从果顶萼片或果柄基部发病，病部水渍状，呈灰白色，迅速扩展最终导致烂果。

（3）传播途径和发病条件。主要以菌核或以菌丝体、分生孢子随病残体在土壤中越冬，条件适宜时，菌核萌发产生菌丝体和分生孢子，借助气流、雨水、灌溉水和农事操作等进行传播。病原菌从伤口或枯死的组织等处侵入进行初侵染，病部可产生分生孢子进行再侵染。蘸花是其主要的人为传播途径，因此花期是病菌侵染的高峰期。低温高湿、寡照有利于发病；连续阴雨天气，灰霉病发生重；种植密度大、放风不及时也会促使灰霉病发生发展。

（4）防控方法。加强栽培管理，适当修剪植株枝叶，加强植株间通风；蘸花时先清除病株，避开感病花穗，消毒蘸花工具；药剂防控见附录3。

9. 早疫病

（1）病原。由茄链格孢（*Alternaria solani*）引起，半知菌亚门黑霉科链格孢属。

（2）症状。主要危害樱桃番茄果实、叶片或主茎，病斑有明显的轮纹，果实病斑常在果蒂附近，茎部病斑常在分权处，叶部病斑发生在叶肉上。

（3）传播途径和发病条件。病原菌在土壤或种子上越冬，借风雨传播，从气孔、皮孔、伤口或表皮侵入，病原菌可在棚室进行多次再侵染，空气湿度高利于该病发生，结果盛期发病严重。

（4）防控方法。加强田间管理，适当修剪徒长植株，大田种植或棚室内土壤种植，适当轮作；药剂防控见附录3。

10. 晚疫病

（1）病原。由致病疫霉菌（*Phytophthora infestans*）引起，属鞭毛菌亚门疫霉属。番茄晚疫病菌有明显的生理分化现象，可以分为许多不同的生理小种。

（2）症状。主要危害樱桃番茄叶片、叶柄、茎和果实，以叶片和青果受害最重，苗期、成株期均可发生，苗期发病病斑由叶片向主茎蔓延，茎变细呈黑褐色，最后整株萎蔫，湿度大时病部表面产生白色霜状霉层。成株叶片受害从植株下部叶片的叶尖或边缘开始，呈不规则的、暗绿色的水渍状病斑，扩大后转为褐色斑块，最后整叶枯死，垂挂在叶柄上。天气潮湿时，在叶背病斑边缘与健部交界处长一圈浓霜状白霉。

（3）传播途径和发病条件。病原菌主要在冬季栽培的番茄中越冬，有时以厚垣孢子在落入土中的病残体中越冬。借气流或雨水传播到番茄植株上。病原菌从气孔或表皮直接侵入，侵入后在细胞间生长并在叶肉细胞内产生吸器。低温、高湿、光照不足、通风不良、种植密度高等因素导致樱桃番茄晚疫病发病较重。

（4）防控方法。药剂防控见附录3，其他防控同其他真菌性病害。

11. 枯萎病

（1）病原。由半知菌亚门真菌尖孢镰刀菌番茄专化型（*Fusarium oxysporum* f. sp. *lycopersici*）引起。

（2）症状。危害整株植株，发病初期，植株中、下部叶片在中午前后萎蔫，早、晚尚可恢复，以后萎蔫症状逐渐加重，叶片自下而上逐渐变黄，不脱落，直至枯死，茎基部接近地面处呈水渍状，高湿时产生粉红色、白色或蓝绿色霉状物。切开病茎基部可见维管束变为褐色。

（3）传播途径和发病条件。病原菌存在于土壤、基质、种子中，在分苗、定植时从根系伤口、自然裂口、根毛侵入，到达维管束，在维管束内繁殖，堵塞导管，阻碍植株吸水吸肥，导致叶片萎蔫、枯死。高温、高湿有利于病害发生。

（4）防控方法。定植移栽时避免对根造成损伤，发现病株及时清除，在病穴中施撒石灰或药剂；药剂防控见附录3。

12. 白粉病

（1）病原。由新番茄粉孢菌（*Oidium neolycopersici*）或番茄粉孢（*Oidium lycopersici*）引起，属半知菌亚门杯霉科粉孢属。

（2）症状。主要危害樱桃番茄叶片、果实，发病初期叶面、果实表面出现褪绿小点，随后逐渐扩大呈近圆形或不规则形病斑，附着白色粉状物，严重时整个叶片布满白粉，植株生长缓慢甚至逐渐枯死，果实感染后膨大缓慢且酸涩。

（3）传播途径和发病条件。主要以菌丝和分生孢子传播，随病残体越冬，在温暖的南方无明显越冬现象。气候适宜时，病原菌产生分生孢子，分生孢子萌发后产生芽管，侵入樱桃番茄叶片、果实、茎。分生孢子主要靠气流传播，也可以通过雨水、灌溉水、蓟马、蚜虫和农事操作传染。在天气干燥时容易流行。

（4）防控方法。选用抗白粉病品种；加强栽培管理，合理布局种植密度，适量浇水，适当修剪植株枝叶，加强植株间通风；药剂防控见附录3。

（三）害虫害螨

樱桃番茄主要害虫害螨有烟粉虱、蚜虫、蓟马、斑潜蝇、斜纹夜蛾、二斑叶螨等。

1. 烟粉虱

（1）形态特征。烟粉虱的分类鉴定主要是根据烟粉虱4龄若虫后期的拟蛹特征，其中拟蛹腹部端节背面的皿状孔的特征是分类的重要依据。成虫体翅覆盖白蜡粉，虫体淡黄至白色，复眼红色，两翅合拢时，呈屋脊状；通常两翅中间可见到黄色的腹部。卵为长椭圆形，顶部尖。若虫长椭圆形，淡绿色至黄白色，伪蛹为第四龄若虫，蛹壳扁平椭圆形，黄色，背面中央隆起，无周缘蜡丝。

（2）危害特征。成虫、若虫多在叶背刺吸汁液，卵能吸收叶片水分，使作物叶片褪绿萎蔫甚至枯死，能传染多种病毒病。

（3）防控方法。棚室覆盖60目以上网纱，悬挂黄板诱杀成虫；释放丽蚜小蜂等天敌寄生若虫；药剂防控见附录3。

2. 蚜虫　危害番茄的蚜虫主要有豆长管蚜、桃蚜、甘蓝蚜、马铃薯长管蚜、菜蚜等，田间较难直接识别。

（1）危害特征。蚜虫以成虫或若虫群集在叶片、枝茎等吸取汁液，分泌蜜露，致使叶片畸形、卷曲、发黄、萎蔫，严重时整株樱桃番茄发育停滞而死亡。

（2）防控方法。物理防控为悬挂黄板诱杀成虫；药剂防控见附录3。

3. 蓟马　危害樱桃番茄的蓟马有棕榈蓟马、茶黄蓟马、西花蓟马等。

（1）危害特征。主要以成虫和若虫锉吸嫩叶嫩梢，致使新叶新枝硬化缩小，传播病毒病。果实被害后表面粗糙，产生白色肿状凸起，形成僵果或裂果。

（2）防控方法。悬挂蓝板，加入蓟马专用诱芯效果更好；释放南方小花蝽等天敌；药剂防控见附录3。

4. 斑潜蝇　危害樱桃番茄的斑潜蝇主要有美洲斑潜蝇和番茄斑潜蝇，田间较难直接识别。

（1）危害特征。成虫吸取植株叶片汁液；卵产于植物叶片叶肉中；初孵幼虫潜食叶肉，主要取食栅栏组织，并形成虫道，俗称"鬼画符"，隧道端部略膨大；老龄幼虫咬破隧道的上表皮爬出道外化蛹。

（2）防控方法。棚室覆盖60目以上网纱，悬挂黄板诱杀成虫；药剂防控见附录3。

5. 斜纹夜蛾　成虫体长14～20mm，翅展35～46mm，前翅灰褐色，内横线与外横线呈波浪形灰白色，肾状纹前部呈白色，后部呈黑色，环状纹和肾状纹之间有3条白线组成明显的较宽的斜纹，自翅基部向外缘还有1条白纹。后翅白色，外缘暗褐色。

幼虫体长33～50mm，头部黑褐色，胸部淡黄色到黑绿色，体表散生小白点，有近似三角形的半月黑斑一对。

（1）危害特征。主要是幼虫危害，取食作物叶片、茎、果实。

（2）防控方法。悬挂频振式杀虫灯可诱杀成虫；释放叉角厉蝽等天敌可有效捕食夜蛾；药剂防控见附录3。

5. 二斑叶螨

（1）形态特征。成螨除越冬代滞育个体为橘红色，均呈黄白色或浅绿色，足及颚体白色，体躯两侧各有一个褐斑，其外侧三裂，呈横"山"字形；雄成螨身体略小，体长，淡黄色或黄绿色，体末端尖削；幼螨半球形，淡黄色或黄绿色，足3对，眼红色，体背上无斑或斑不明显；若螨椭圆形，黄绿色或深绿色，足4对，眼红色，体背两个斑点。

（2）危害特征。二斑叶螨主要寄生在叶片的背面取食，刺穿细胞，吸取汁液，受害叶片先从近叶柄的主脉两侧出现苍白色斑点，随着危害的加重，可使叶片变成灰白色及至暗褐色，抑制光合作用，严重者叶片焦枯以至提早脱落。二斑叶螨还释放毒素或生长调节物质，引起植物生长失衡，致幼嫩叶呈现凹凸不平状。

（3）防控方法。释放胡瓜钝绥螨等捕食螨；药剂防控见附录3。

二、防控技术

（一）病虫害监测

病虫害监测是樱桃番茄病虫害防控的基础，分为定期调查和生长期调查。重点调查对象为病毒病、青枯病、叶霉病、枯萎病、烟粉虱、夜蛾、叶螨等主要病虫害。定期调查为每周一次，生长期调查以育苗期、定植移栽期、初花期、结果期为重点。调查根据种植面积设置1～4个监测点，每个监测点采用对角线方式选择5点，每个点随机调查5株，固定观察株，调查樱桃番茄病虫害发生种类、分布和发病程度。樱桃番茄病虫害的分级标准见表3-9。

病情指数＝∑（各级受害叶数×各级代表值）/［调查总叶（茎、果）数×最高级代表值］×100。

虫情指数＝∑（各级受害叶数×各级代表值）/［调查总叶（茎、果）数×最高级代表值］×100。

表3-9 樱桃番茄病虫害的分级标准

等级	病害分级依据	虫害分级依据
0级	无病斑	未受害
1级	病斑面积占10%以下	受害面积占10%以下
3级	病斑面积占11%～25%	受害面积占11%～25%
5级	病斑面积占26%～50%	受害面积占26%～50%
7级	病斑面积占51%～75%	受害面积占51%～75%
9级	病斑面积占76%以上	受害面积占76%以上

（二）农业防控

农业防控是采取农业技术综合措施，调整和改善作物的生长环境，以增强作物对病虫害的抵抗力，创造不利于病原物、害虫和杂草生长发育或传播的条件，控制、减轻或避免病虫草等危害。主要措施有选用抗病虫品种、调整品种布局、培育健康种苗、水旱轮作、深耕灭茬、调节播种期、合理施肥、及时灌溉排水、适度整枝打杈、保持种植场地卫生和安全运输贮藏等。

1. 抗病品种 根据栽培季节和当地主要病虫害，选用高抗病毒病、具有多抗性、优质高产的品种。

2. 培育壮苗 选用育苗棚育苗，优先采用工厂化育苗，适当炼苗提高抗逆性。

3. 控温控湿 设施棚室及时通风排湿，通过设施装备改善通风和调节湿度，调节不同时期的温度，为樱桃番茄提供优越生长环境。

4. 科学施肥 合理选择缓（控）释肥、配方肥，科学调配营养液，采用水肥一体化技术，苗期注重肥力平衡，加强田间管理，增强植株抗病力。

5. 设施防护 应用防虫网、遮阳网等设施阻隔病虫害、减轻高温的不良影响。

6. 病株和杂草清理 病株和杂草影响樱桃番茄的健康生长，传染扩散病害，竞争抢夺养分。及时清理樱桃番茄病株和杂草，能有效防控病虫害。

（三）物理防控

物理防控是利用光、热、辐射、机械等物理手段隔绝、清除、抑制或消灭病虫害。主要措施有温水浸种、色板诱杀、杀虫灯诱杀等。

1. 温水浸种 适宜的温水浸种能杀灭种子上的虫卵和病菌，减轻樱桃番茄苗期病虫害发生，促进植株健康生长。采用恒温锅55℃浸泡 10min 或 55℃温水浸泡至 40℃，其间不断搅拌种子，再将种子滤出并清洗干净。

2. 色板诱杀 不同的害虫对不同的色彩具有趋向性，特别是黄色、蓝色吸引的害虫种类更多。每亩悬挂 200～300 张 A4 大小的黄板和蓝板，黄板能有效引诱粉虱、斑潜蝇、夜蛾，蓝板对蓟马的引诱效果较好，适当加入相应害虫诱芯效果更好。

3. 杀虫灯诱杀 采用黑光灯、频振式诱虫灯等诱杀成虫，每亩悬挂诱虫灯 1 盏，对斜纹夜蛾、棉铃虫、金龟子等害虫有良好的诱杀效果。

(四) 生物防控

生物防控是利用物种之间的关系，通过保护和利用自然界的天敌（如以虫治虫、以鸟治虫、以菌治虫、以菌抑菌等）、繁殖和释放优势天敌，防控病虫害。分别有寄生性天敌防控、捕食性天敌防控、微生物防控等，寄生性天敌防控、捕食性天敌防控尤其适合设施棚室使用。

1. 寄生性天敌防控 寄生性天敌寄生于害虫体内，以害虫体液或内部器官为食，从而杀死害虫。斑潜蝇茧蜂、蚜茧蜂、丽蚜小蜂等是烟粉虱的寄生性天敌，当烟粉虱基数在每叶 1～3 头时，可每亩释放 50 头天敌，可以取得不错的防控效果；当烟粉虱种群数量较大时，可增加释放量。

2. 捕食性天敌防控 捕食性天敌以其他害虫为食物，直接捕食害虫或刺入害虫体内吸食害虫体液使其死亡。胡瓜新小绥螨、加州新小绥螨、斯氏钝绥螨等捕食叶螨和烟粉虱卵，每亩释放 25 000～50 000 头；叉角厉蝽捕食斜纹夜蛾，每亩释放 30～50 头；草蛉捕食蚜虫、粉虱、叶螨、棉铃虫等，每亩释放 200 头。

3. 微生物防控 微生物防控是利用病原微生物通过侵染、释放毒素或生物酶等控制病虫害的防控方式。苏云金芽孢杆菌（简称 Bt）可用于防控夜蛾等鳞翅目害虫，球孢白僵菌对烟粉虱、夜蛾也有较好的防控效果。具体防控药剂和使用方法见附录 3。

(五) 药剂防控

药剂防控（含微生物药剂、天然农药、植物源药剂等）是使用简便、操作简单、效果立竿见影的措施，但容易引起环境污染、农药残留超标影响人体健康、长期使用单一药物引起病虫害抗药性等。药剂的使用应严格执行《农药合理使用准则（GB/T 8321）》及《农药安全使用规范总则（NY/T 1276）》，并遵循《农药管理条例》（中华人民共和国国务院令第 677 号），严格按照农药标签标注的使用范围、使用方法和剂量、使用技术要求和注意事项使用农药，不扩大使用范围、加大用药剂量或者改变使用方法，禁止使用剧毒、高毒、高残留的农药。具体病虫害药剂使用见附录 3。

（谭德龙）

第十节
樱桃番茄采收包装保鲜加工技术

　　樱桃番茄属于呼吸跃变型果实，在采收后会有自然后熟的过程，后熟速率与环境条件密切相关，需要根据其后熟速率、贮藏条件和运输距离及时采收。采收后的包装、保鲜等生产操作都可能对樱桃番茄质量造成伤害，开展采收分级、标准包装、保鲜处理、安全运输，可提高樱桃番茄在销售与食用终端的价值。

（一）采收

　　樱桃番茄的采收标准依据成熟度确定，分别为绿熟期、微熟期、半熟期、坚熟期、完熟期，成熟度从绿熟期至完熟期可分为10级（表3-10）。采收时机根据成熟度并结合运输距离、运输条件、用途（鲜食、果脯、榨汁或其他加工）和贮藏期限等条件确定。当天销售与食用可采摘10级果实，贮放及运输时间在1d可采摘8～9级果实，贮放及运输时间在2～5d可采摘7～8级果实，贮放及运输时间在5～15d可采摘6～7级果实。

表 3 - 10　樱桃番茄成熟度和成熟期的代表性状

成熟度	成熟期	色泽（以红色为例）	色泽（以黄色为例）	硬度	风味
1	绿熟期	绿色	绿色	硬	涩
2	绿熟期	绿色	绿色	硬	涩
3	微熟期	淡黄至微红	淡黄	硬	涩
4	微熟期	淡黄至微红	淡黄	硬	涩
5	半熟期	浅红	浅黄	硬	涩

（续）

成熟度	成熟期	色泽（以红色为例）	色泽（以黄色为例）	硬度	风味
6	半熟期	浅红	浅黄	硬	涩
7	坚熟期	全红	全黄	硬	微涩带甜
8	坚熟期	全红	全黄	偏软	微涩带甜
9	完熟期	全红	全黄	软	甜
10	完熟期	全红	全黄	软	甜

（二）分级与包装

采收后的樱桃番茄应尽快分级分拣及包装。分级标准以果实外观、形状、色泽、大小区分。樱桃番茄（鲜食）分为 3 个等级，即特级、一级、二级（表 3-11）。

表 3-11 樱桃番茄（鲜食）等级及具体要求

等级	具体要求
特级	外观形状一致，色泽鲜艳均匀；成熟度适度且一致，表皮均匀；果腔充实，果实饱满，富有弹性；无损伤、裂果、无伤痕、无霉烂；允许误差≤5%，但应符合一级果要求。
一级	外观形状基本一致，色泽较鲜艳均匀；成熟度基本一致，果腔较充实饱满，富有弹性；无损伤、无裂果、无伤痕、无霉烂；允许误差≤10%，但应符合二级果要求。
二级	外观形状基本一致，稍有变形，色泽较鲜艳均匀；成熟度稍有差异，果腔较充实饱满，富有弹性；有轻微损伤或伤痕、无裂果、无霉烂；允许误差≤10%，但应符合基本要求。

根据运输距离、运输条件、用途和樱桃番茄形状选用不同的包装方式，包装应确保樱桃番茄在贮藏和运输过程中不会受挤压损伤。包装材料有塑料、木质、泡沫、瓦楞纸箱等制品，多层码放的樱桃番茄应放入避震填充物。

加工产品的包装应符合《绿色食品 包装通用准则（NY/T 658—2015)》的要求。如需张贴产品标签，须标注产品名称、产品等级、规格、生产者、产地、采收和包装日期等准确信息，如需冷藏保存应注明贮藏方式。

（三）贮藏、保鲜和运输

樱桃番茄采收后，气温超过 25℃且需贮藏时间超过 1d，宜放入冷藏库，高于 25℃采摘的樱桃番茄需预冷后再放入冷藏库，预冷方法为采摘后在阴凉通风处摆放 2～8h。同一贮藏场所宜存放同一批具有相同成熟度的樱桃番茄，不同成熟度下樱桃番茄的冷藏温度见表 3-12。贮藏过程中采用机械化装卸、装载方式的，包装箱应有缓冲防震的保护措施。樱桃番茄在低温条件下，湿度控制在 40%～70%，能保存 7～20d，风味完好。

表 3-12　不同成熟度下樱桃番茄的冷藏温度（相对湿度 40%～70%）

成熟度	温度/℃	成熟期
5	10	半熟期
6	10	半熟期
7	10	坚熟期
8	10	坚熟期
9	5～10	完熟期
10	5～10	完熟期

运输工具需提前清理干净，灭菌消毒，冷链运输应具备自动温度监控设备，在装货、卸货和运输过程中温度波动不超过±2℃（表 3-13）。

温 馨 提 示

　注意运输过程中轻装轻卸，防挤压、剧烈震动和日晒雨淋。

表 3-13　不同成熟度樱桃番茄在不同运输时间下的冷链温度

（相对湿度 40%～70%）

成熟度	成熟期	运输时间 2～4d		运输时间 4～7d	
		冷链温度/℃	运输后的成熟度	冷链温度/℃	运输后的成熟度
5	半熟期	10～15	7	8～10	8
6	半熟期	10～15	8	8～10	9
7	坚熟期	10～15	9	8～10	9
8	坚熟期	10～15	10	8～10	10
9	完熟期	5～10	10	5～8	10

（四）加工

樱桃番茄可以被加工为保健品、果脯、罐头、番茄饮品、番茄酱等。加工用樱桃番茄应符合《加工用番茄（NY/T 1517—2007)》的要求。

1. 加工用樱桃番茄等级规格　加工用樱桃番茄分为 3 个等级，即特级、一级、二级（表 3-14）。

表 3-14　加工用樱桃番茄等级规格

项目	等级		
	特级	一级	二级
可溶性固形物（%）	>10.0	9.0～9.9	8.0～8.9
杂质总量（%）	≤4 其中一类杂质≤2	≤7 其中一类杂质≤3	≤10 其中一类杂质≤5
外观	外观形状基本一致，色泽均匀；成熟度适度且一致，表皮均匀；无损伤、无裂果、无伤痕、无霉烂		
番茄红素（mg/100g）	红色品种≥9 黄色、绿色品种不做要求		

注：杂质主要为霉烂果、病虫果、未完全成熟果、日灼果、其他杂质等。

2.初加工产品

（1）樱桃番茄酱。樱桃番茄的酱状浓缩制品，以成熟樱桃番茄为原料，经破碎、打浆、浓缩、加热、装填、杀菌等步骤（图3-10）制成鲜红色或黄色酱状体，运用在中餐烹调和西餐佐餐中别有风味。

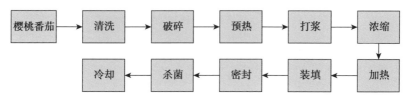

图3-10　樱桃番茄酱加工流程示意

（2）樱桃番茄汁。樱桃番茄汁是以樱桃番茄为原料制成的果汁饮品，富含维生素A、维生素C和番茄红素，可供消费者直接饮用，是一种美味的果蔬汁，加工流程如图3-11所示。

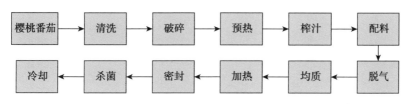

图3-11　樱桃番茄汁加工流程示意

（3）樱桃番茄粉。樱桃番茄粉是由樱桃番茄制成原酱，再经喷雾干燥后制成的天然番茄粉（图3-12），可作为美容产品和保健食品。具有祛雀斑、美白肌肤、平衡水分和油脂分泌，以及抗氧化、延缓衰老、预防心血管疾病发生等功效。

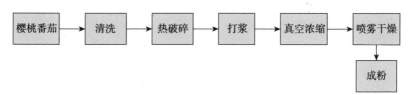

图3-12　樱桃番茄粉加工流程示意

（4）樱桃番茄果脯。以樱桃番茄为主要原料，经糖、蜂蜜或食盐腌制等工艺制成（图3-13）的食品，色味俱佳。

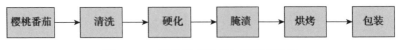

图3-13　樱桃番茄果脯加工流程示意

（5）樱桃番茄奶茶。樱桃番茄奶茶是年轻人喜爱的饮品，兼具牛奶、樱桃番茄的双重风味，加工流程如图3-14所示。

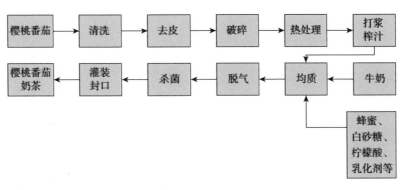

图3-14　樱桃番茄奶茶加工流程示意

（6）樱桃番茄薯片。樱桃番茄薯片是一种非常受欢迎的休闲食品，以马铃薯为主要原料，配以樱桃番茄佐味，即食方便、口感酥脆、易于消化，加工流程如图3-15所示。

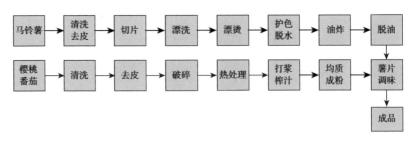

图3-15　樱桃番茄薯片加工流程示意

（7）樱桃番茄罐头。罐头采用金属薄板、玻璃等组合制成可密封的容器，经调配、装罐、密封、杀菌、冷却，或无菌灌装，可在常温下贮藏一年且营养物质和风味不流失。樱桃番茄罐头加工流程如图 3-16 所示。

图 3-16　樱桃番茄罐头加工流程示意

3. 深加工产品

（1）番茄红素与制剂。番茄红素是一种天然植物色素，在红色樱桃番茄内含量丰富，具有清除自由基、抗氧化、抗衰老、诱导细胞间连接通讯、控制肿瘤增殖等保健作用。目前对番茄红素的提取方法主要有直接粉碎法、超临界流体萃取法、溶剂萃取法、酶反应提取法等。

常见的番茄红素制剂有番茄红素胶囊、片剂和液体等，制剂加工流程如图 3-17 所示。

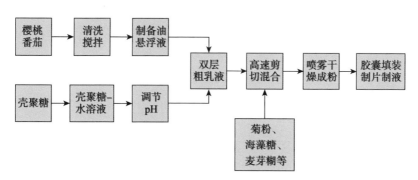

图 3-17　番茄红素制剂加工流程示意

（2）樱桃番茄膳食纤维。膳食纤维主要存在于番茄皮渣中，在番茄皮中的含量可达 80％以上，是番茄加工副产物的主要成分。通过酶解和酸碱处理均可实现番茄中膳食纤维的分离提取。樱桃番茄膳食纤维提取流程如图 3-18 所示。

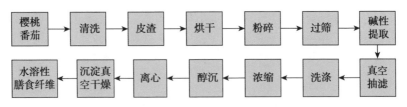

图 3-18　樱桃番茄膳食纤维提取流程示意

（3）樱桃番茄 SOD。樱桃番茄含有丰富的 SOD，具有调节人体生理代谢、延缓衰老等作用。SOD 的提取工艺较复杂，需由专用仪器设备完成提取、匀浆、抽滤、离心、纯化等程序（图 3-19）。

图 3-19　樱桃番茄 SOD 提取流程示意

（4）樱桃番茄发酵饮料。樱桃番茄发酵饮料以樱桃番茄汁或番茄酱为原料，加入多种辅料发酵而成。乳酸菌发酵饮料风味独特，且乳酸菌及其代谢产物能减轻胃酸分泌，促进人体消化酶的分泌和肠道的蠕动，从而促进食物的消化，增强人体免疫力。番茄酒是一种美味的果酒，樱桃番茄经处理后加入糖、柠檬酸等进行发酵，其风味与葡萄酒相似，具有清热生津、养阴凉血、促进消化等作用。樱桃番茄发酵饮料加工流程示意图如图 3-20 所示。

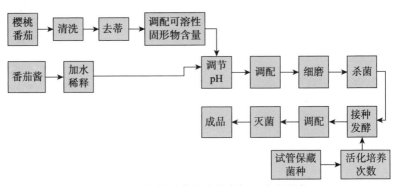

图 3-20　樱桃番茄发酵饮料加工流程示意

（谭德龙）

第四章

樱桃番茄新产业

第一节
国外樱桃番茄产业的新发展

一、产业规模不断壮大

在荷兰、意大利、日本、以色列等现代农业和经济发达国家，樱桃番茄产业基于大番茄产业的良好发展态势拉动而得到同步发展。据联合国粮农组织（FAO）2020年的相关统计，全世界樱桃番茄的总价值已达550亿美元，已经成为世界范围内普遍种植的蔬菜作物。

发达国家樱桃番茄的品种选育、配套种植技术、加工及深加工、功能食品和生物医药研发、贮藏保鲜、冷链运输、休闲文旅等全产业链条不断拓展和完善，特别是在优良设施栽培品种、产业技术等方面具有明显的产业特色和区域优势。

二、产品市场需求旺盛

得益于产业链的不断完善，在樱桃番茄市场供求方面，发达国家樱桃番茄的国际市场、国际贸易在供给与需求势头旺盛。其樱桃番茄产业链的生产环节采用现代农业技术，有效地保持高质量产出和可控，总产量供求稳定。同时西方饮食文化对优质樱桃番茄产品的消费市场保持良好的刚需，市场反应快速，加工、服务等产业链不断完善，充分实现了产品质优价优。近几年，澳大利亚、新西兰、日本、泰国、新加坡等国樱桃番茄温室栽培有了明显的增长态势，可以实现全年生产和供应，市场不断增长，出口大幅增加。

三、 新优品种具有持久竞争力

意大利、荷兰、英国、以色列、日本等发达国家选育的新优品种在市场上具有明显的竞争优势，成为影响樱桃番茄产业发展的关键因素之一。

"番茄酱＋比萨"是意大利特有的饮食文化符号，樱桃番茄就是其中的主角。意大利系的樱桃番茄品种最为丰富，出现许多稀奇品种，独具特色，如圣玛扎诺小番茄（图4-1）为长条手指形，顶部有尖。小强卡蒙小番茄因具有可以抵抗番茄大棚病害被国人称为"小强"；草莓番茄（图4-2）因其果实外形像草莓而得名；佛罗伦萨牛排番茄（图4-3）因其果实深红色、表面纹路像牛肋骨而得名；还有波莫多罗小番茄、阳光下的丁香小番茄等特色品种。

图4-2　草莓番茄

图4-1　圣玛扎诺小番茄

图4-3　佛罗伦萨牛排番茄

荷兰全国普遍种植樱桃番茄，也是樱桃番茄设施栽培整体水平较高的国家之一。荷兰瑞克斯旺农业公司培育的杂交一代新品种福特斯 72-152 和 RZ723-191，在中国深受欢迎，是櫻桃番茄种植企业的主要引进品种。

以色列海泽拉公司的夏日阳光是我国引进的高端鲜食新品种。初进中国市场，就被人们喜爱，争相抢购，曾经每粒櫻桃番茄种子价格高达人民币 10 元。

日本的櫻桃番茄品种选育走在亚洲前列。培育出大宫小番茄、乙姬、金太郎、粉娘等优质新品种，进入中国市场以来，特别是华东地区，成为增长最快的蔬菜品种。

四、精准化设施栽培技术广泛应用

在发达国家，精准化设施栽培技术在櫻桃番茄产业各环节中广泛应用，大大地提高单位面积产量和鲜果质量，对产业发展起到重要的推动作用。

荷兰的现代设施农业在世界上发展最快、最成熟。高端设施智能温室大棚，采用岩棉基质、"荷兰桶"水培塔生长系统和精准肥水一体化滴灌技术种植无限生长型櫻桃番茄，通过辅助人工光源，实现了一年一茬鲜果产量 $70kg/m^2$ 的高产出。这种现代设施栽培櫻桃番茄技术，可以应用在城市高层建筑物发展垂直农业，有效地实现都市农业种植爱好者在室内、室外或温室櫻桃番茄种植。

以色列也是櫻桃番茄设施栽培、肥水一体化技术领先的国家。以色列属夏季干热的地中海型气候，最大的气候特点是夏季漫长炎热、少雨，冬季相对短暂凉爽、多雨，水资源十分缺乏，制约了露地种植櫻桃番茄的发展。但以色列的现代设施农业、节水农业十分发达，基于物联网的櫻桃番茄设施农业生产已实现了精准化、机械化、自动化、信息化和智能化，具世界领先水平。

英国的櫻桃番茄生产大多采用温室大棚种植。英国卡纳威斯菜园采用温室大棚与生物防控理念结合的模式种植櫻桃番茄，在 $11hm^2$ 面积的温室大棚中种植了 25 万棵櫻桃番茄苗，同时放养 100 多个蜂巢、5 000 只大黄蜂进行生物传粉和害虫控制，并利用英糖集团产业基地排放的温室气体二氧化碳供给樱桃番茄生长，促使产量提高，最高年产樱桃番茄 8 000 万个，产出的樱桃番茄不仅占领英国国内市场，还被端上了英国皇室的餐桌。

五、智慧农业助推产业快速发展

得益于第二次工业革命和信息技术快速发展的成果，以及物联网、云计算、区块链、5G 技术等现代信息技术广泛应用，发达国家在樱桃番茄产业中较早实现了生产机械化、信息化、精准化、智能化，有力地推动樱桃番茄产业提质增效。特别是在樱桃番茄采收方面，实现采摘机器人樱桃番茄无损串收、清洁、包装等标准化作业，有效地保障产品质量和价值。

日本是现代农业专业化、智能化发展水平较高的国家，在樱桃番茄采摘机器人研发和应用方面走在世界前列。基于日本高端制造业、电子信息工业和人工智能技术发展成果的支持，日本樱桃番茄产业快速向智慧农业发展，使得日本的单位土地产量居世界第一。2015 年，日本松下公司成功研发出一款樱桃番茄采摘机器人，机器人两个机械手臂的前端均附有高保真照相机和范围图像传感器，能准确识别番茄串和果实。当检测到果实时，机器人手臂进行自动精准识别并采收，所需的时间为 20 秒，大大节省了人力时间，生产率大大提升。

德国的设施大棚生产场景应用了樱桃番茄采摘机器人。樱桃番茄生产采用农业物联网技术、精准化肥水一体化滴灌技术和后台智能化管理系统，对生产各个环节进行全程控制。在设施生产大棚，其机器手智能自主巡回作业，实现不同高度、不同角度的精准识别和采摘，且能自动称重、打包和标识，并将成品直接送入冷库贮藏。

第二节
我国樱桃番茄产业的新发展

一、我国樱桃番茄产业发展的新特点

近几年来，随着人们生活水平的不断提高，消费观念和偏好的变化，樱桃番茄产业在我国快速成长，现已发展成为具有鲜明产业特色的现代农业新产业。

（一）樱桃番茄产业不断演进升级

一是产业的集聚和辐射效应显著。樱桃番茄作为新兴产业，发育有一定的不完全性，但产业发展空间巨大，吸引了创业资金进入我国樱桃番茄产业领域，推动了产业链不断扩张以及产业快速集聚和辐射，在我国华北、华东、华南等区域形成了许多种植基地和消费集群。樱桃番茄生产实现高产量、高价格和高产出，樱桃番茄产业的经济效益比传统农业产业有较大幅度的提高，产业比较优势和比较效益十分显著。集约化、专业化、产业化水平不断提升。

二是新产业的引领带动作用不断增强。近年来，我国出现一批行业内产业规模较大的和比较有代表性的樱桃番茄企业，为我国樱桃番茄产业化发展发挥了重要的引领带动作用。樱桃番茄在全国各地的广泛种植带动了劳动力的充分就业，劳动者收入增加，许多地方成为"一村一品""一镇一业"的新增长点。樱桃番茄种植还带动了设施大棚建材、农用薄膜、肥料、农药、种子种苗生产、贮运、环境控制设备、小型农机具、农产品电商等上下游关联产业的快速形成和发展，发挥了产业辐射效应和联系效应。

三是智能温室栽培成为新的生产模式。如甘肃省平凉海升集团，2015 年投资 3.2 亿元建设 300 亩的樱桃番茄智能温室，引进荷兰最新文洛型智能温室先进技术和设备，采用先进的 Netafim 压力补偿式滴灌系统、PB 水循环系统、Priva 配肥施肥设备等精准水肥循环系统，采用库播/瑟通（KUBO/CERTHON）先进的降温设计、进口立体吊架、基质槽栽培和中央控制系统，建立分选、包装、低温贮藏与冷链运输的全产业链构架，实现了樱桃番茄生产设施化、自动化、集约化、精准化栽培和种植技术生产体系换代升级。

（二）新品种培育日趋成熟

实现农业现代化，种子是基础。我国樱桃番茄产业发展是从引进国外品种和技术起步的，可以称之为"引种发展"。目前国内种植的高品质樱桃番茄品种大都来自国外，欧洲品种居多，如荷兰的卡拉丝昆、瑞士甜酒窝、法国 C88 及 C95 等。

党的十八大以来，党中央高度重视种业发展。经过多年选育探索，我国相关育种团队及樱桃番茄产区陆续培育出一批适于我国不同气候和栽培要求的品种，还选育出一批设施专用品种。其中，表现比较良好的品种有：中国农业科学院培育的杂交一代中樱 6 号，浙江省农业科学院培育的杂交一代浙樱粉 1 号，青岛市农业科学院培育的杂交一代樱莎黄，广东省农业科学设施农业研究所院培育的杂交一代粤科达 101，北京市农林科学院蔬菜研究所培育的杂交一代京番粉星 1 号，北京市农业技术推广站培育的杂交一代红太阳、维纳斯，中国台湾种苗农友公司培育的杂交一代千禧、圣女等。这些品种，一定程度上缓解了我国樱桃番茄产业因短时间迅猛发展而出现的优质种子不足的问题，但同时这些品种的综合性状与国外优良品种仍有差距。

（三）支撑产业发展配套技术不断进步

我国樱桃番茄产业的快速发展，促进了产业科技的进步和创新。

一是在番茄种质资源挖掘和重要农艺性状形成的分子机制研究

取得进展。特别是针对品质、产量、抗病、抗逆等生理生化、遗传规律及分子生物学方面的创新研究取得了一些重要进展，先后鉴定出一批抗病、抗逆、优质的樱桃番茄遗传资源，定位或克隆了抗病、产量、品质、株型等重要农艺性状的基因。

二是樱桃番茄分子生物育种技术的研究与应用在我国也快速起步。中国农业科学院深圳农业基因组研究所研究团队通过对 360 份番茄种质全基因组的分析，发掘了 1 100 多万个 SNP 标记，构建了番茄的变异组图谱，重建了番茄驯化和育种的基因组学历史，并发现在这两个过程中分别有 5 个和 13 个果实重量基因受到了人类的定向选择，为番茄生物学研究提供了新的工具，也奠定了番茄全基因组设计育种的基础；运用群体分化分析算法，发现了第 5 号染色体是决定鲜食番茄和加工番茄差异的主要基因组区域；通过全基因组关联分析，发现了决定粉果果皮颜色的关键变异位点，为培育粉果番茄品种提供了有效的分子育种工具。

三是中国特色的设施樱桃番茄精准化栽培管理技术和种植模式广泛应用。近年来，高端技术越来越多地被应用在高附加值的樱桃番茄种植上。特别是基质栽培、水培以及悬挂栽培等模式相结合，智能植物工厂、工厂化育苗、肥水一体化、病虫害绿色防控、现代化作业设施设备等方面，走出了中国特色低成本、高产出的产业发展模式，也得到了政府和企业生产者的认可。例如农业生产现代化的典型代表"寿光模式"，就是以蔬菜生产标准化和品牌化为引领，以农业与二、三产业融合发展为抓手，积极推动现代农业工厂化、智慧化和农民职业化发展，有效推进了产业振兴。

四是信息新技术在设施栽培樱桃番茄产业得到广泛而深入的应用。近年来，物联网、大数据、云计算、区块链、AI、5G 技术等新一代信息技术，已在樱桃番茄的育种、生产、加工、销售、流通、服务等产业链环节中广泛应用，"信息技术＋樱桃番茄"的智慧农业有效地提升了樱桃番茄产业化的科技支撑水平。樱桃番茄植物种苗工厂、智能设施生产大棚、水肥一体化精准技术、智能采收等现代农业技术的应用和普及，为高产优质樱桃番茄提供了保障。

（四）产业规模快速扩展

一是种植时空范围不断扩大。我国的樱桃番茄产业发展虽然起步较晚，但扩展很快，在我国陕西、江苏、山东、广西、海南、广东、云南等地种植，推广面积不断扩大，同时实现了周年生产，满足了消费市场周年供应需求。

二是种植面积产量不断增加。据农业农村部蔬菜生产农情监测项目统计，2020 年，樱桃番茄种植面积约 15 万 hm^2，其中近 8 万 hm^2 为设施樱桃番茄，主要种植地区有山东、江苏、广西、广东、海南等地。山东寿光市在 20 世纪 80 年代最早开始发展设施樱桃番茄，亩产量平均达到 5 000kg，成为全国设施樱桃番茄的标杆和示范基地。

（五）产业布局区域性明显

樱桃番茄生产受不同自然条件、不同气候季节、种植习惯等因素的多重影响，差异很大，樱桃番茄产业布局区域性明显。

在生产区域分布上，形成了一些具有比较优势的产区。主要有黄淮海及环渤海设施生产区域、北部高纬度夏秋生产区域、长江流域早春生产区域、西南冬季生产区域、华南冬种北运生产区域等。

樱桃番茄鲜果产品产地主要分布在我国西北、东北、华中地区，山东、河北、河南、陕西、内蒙古、四川、江苏等产区为种植面积增长较快地区。

（六）一大批产业化龙头企业不断成长

随着樱桃番茄产业的不断成熟和发展壮大，规模不断扩大，产业链条不断完善，一大批樱桃番茄产业化龙头企业不断成长。目前，我国比较有代表性的樱桃番茄产业企业，如山东寿光蔬菜种业集团有限公司、甘肃平凉海升集团、大庆宏福农业股份有限公司、山西田森农业科技有限公司、水发农业发展集团有限公司、北京极星农业有限公司、凯盛浩丰农业有限公司、江苏绿港现代农业发展股份有限公司等，这些樱桃番茄产业化龙头企业，其市场竞争和抗风险能力不断提升，为我国樱桃番茄产业兴旺、乡村振兴发挥重要的推动作用。

华南地区樱桃番茄新产业

华南地区樱桃番茄供应蕴含巨大市场潜力。华南地区属于热带亚热带气候区，特点是湿度较大，高温多雨，日照长，偶有台风等灾害性天气，因此种植樱桃番茄为冬种面积较大，主要种植时间在8月至翌年3月。充足的光照和适合的气候条件，使得樱桃番茄具有"三高二少"的优势，即番茄红色素含量高、可溶性固形物含量高、单产高、病虫害少、霉菌少，形成了华南地区樱桃番茄市场优势和发展潜力，具有广东特色优势的樱桃番茄产业快速成为新兴产业。体现在：

一是樱桃番茄已成为水果型蔬菜和高端食品。近几年，广东的樱桃番茄销量和产品价格不断上升，人们把它作为餐前餐后水果和送礼佳品。特别在经济发达的粤港澳大湾区，樱桃番茄市场需求容量大，出现产销两旺大好局面，已快速成长为一个具有特色和优势的新兴产业。

二是樱桃番茄产业成为现代农业投资的新热点。近年来，广东的许多农业企业把发展樱桃番茄产业作为现代农业投资的新方向，在粤东西北、珠三角地区快速拓展，生产消费市场产销两旺。一些地区还将樱桃番茄发展成为"一村一品""一镇一业"的主打品种，许多樱桃番茄生产基地、观光体验农场、产业园、交易市场、特色餐饮店等产业实体，像雨后春笋般发展起来。

三是冬种樱桃番茄已成为农村致富增收的新增长点。广东大部分地区常年温度保持在20～25℃，能满足冬种樱桃番茄的热量要求，可在春节期间批量上市，市场价格高，经济效益十分显著。特别是粤西的湛江、茂名地区，冬种樱桃番茄产业具有良好的发展基础，是广东重要的优质樱桃番茄产品生产基地和出口供给基地。2021年，茂名市电白区种植樱桃番茄的新型农业经营主体多达150多家，种植面积约5万亩，产量25万t，产值超

30亿元以上，鲜果产品销往江浙沪、北京等地，受到了市场的热捧，供不应求，收购价每千克最高达24元，最低也在10元左右，实现优果优价。目前，"电白千禧果"已成为广东省优质农产品品牌，在电白区的旦场、麻岗、岭门、马踏、霞洞、林头、观珠等乡镇大面积种植，形成广东省最为集中、贸易最为活跃的千禧果连片种植产业带，有效地带动了农村劳动力创业就业，显著提高了农民收入。

四是樱桃番茄成为现代农业高质量发展的新典型。2020年，广东茂名、湛江冬种产区田头收购价平均达20元/kg，露地种植平均亩产可达2 500～3 000kg，设施大棚栽培则可达4 000kg以上，亩产值5万～8万元，经济效益十分显著。

五是樱桃番茄南繁育种基地得到巩固加强。国家实施种业发展战略以来，广东省重点加强了南繁科研育种基地、雷州半岛二线南繁育种示范基地和现代化育苗工厂的建设，支持各地申报以种业为主的省级现代农业产业园，加快省级良种繁育基地和品种试验基地建设。湛江、茂名是广东冬种樱桃番茄的主要产区，近年来，一批樱桃番茄种植企业落户湛江、茂名，开展工厂化樱桃番茄制种和种苗繁育，有效地解决了雷州半岛樱桃番茄生产所需种苗种源以往须由海南供应的困境。据统计，2020年广东省现有樱桃番茄种植面积1万hm^2，2021年则快速增长到1.5万hm^2，主要集中分布在粤西和粤北地区。

二、制约和影响新产业健康发展的关键问题

樱桃番茄产业作为一个富有生命力的新产业，在我国取得了快速而富有活力的发展，但当前存在着一些不能回避的问题和挑战。

（一）优良品种成为产业发展"卡脖子"问题

在我国，樱桃番茄的选育相对滞后，种业企业综合竞争力不

强，国产优良品种研发能力与国外差距较大，大部分良种依赖国外进口。"十三五"期间，我国育成的一批新品种，虽然具有一定的抗番茄黄化曲叶病毒病，植株综合抗性提升，连续坐果能力强，果实商品性、商品果率较高，但拥有自有知识产权的品种少。与世界先进国家相比，我国樱桃番茄种业发展最主要的问题是品种原始创新能力不足，原创性成果少，现有我国樱桃番茄育种所利用的抗病基因、优质基因，几乎全部来自国外品种的分离，优良品种成为制约樱桃番茄种业发展的"卡脖子"问题。

（二）产业市场发育不完善

当前樱桃番茄生产已成为农民增收的重要途径。然而，在高速发展的同时，市场发育也出现一系列问题。①种子种苗市场价格没有客观合理的标准，品种、种子、种苗价格和质量差异太大，假冒伪劣种子乱象时有发生；②品种宣传夸大其词，货不对板伤害种植者经营者利益；③产品品质差异较大，不能满足消费者需求；④信息不对称造成的消费不理性明显，导致产品市场出现不健康的竞争。

（三）科技与经济两张皮问题还未得到较好的解决

在我国，企业是创新的主体，科企脱节是影响我国樱桃番茄产业高质量发展的主要因素。并且樱桃番茄产业科研呈现碎片化、区域化，缺乏系统化、规模化、高效化的育种技术体系和种业发展战略。生产的智能化技术、保鲜贮运技术，产品加工和功能食品、旅游休闲食品、特色产品的开发和深加工等，也是我国产业发展的短板。特别是我国农产品的深加工技术和装备普遍落后于发达国家，出现产品市场上初级产品多、精深加工产品少，中低档产品多、高档产品少的现象，高端产品消费市场形成缓慢。

（四）功能产品的研发还有待深化

樱桃番茄富含人体所需的多种营养充分，如番茄红素、维生素 C 等，但营养价值和医学价值等方面的研发还在起步阶段，有待深化。

（五）企业应对风险的能力有待提升

2020 年以来，世界范围出现的疫情，造成樱桃番茄国际贸易受创，消费拉动受限制，生产成本和物流成本大增，对樱桃番茄产业稳定和发展产生重大冲击，产品供应链断环，价格走低，不利于产业持续发展。

第三节
樱桃番茄产业发展趋势

樱桃番茄作为一个新产业，未来基于我国乡村振兴战略实施的良好发展环境，有望进入加速发展时期。

一、 科技创新实现樱桃番茄良种高端化

实现农业现代化，良种是基础。优质种质资源是樱桃番茄产业发展的第一资源。樱桃番茄是一种符合健康消费趋势的特色农产品，现阶段人均消费量较低，但未来的增长空间很大。随着加快乡村振兴战略实施步伐，未来依靠科技创新实现樱桃番茄种业高端化发展。与此同时，符合现代都市特点的设施栽培技术模式成为樱桃番茄产业高质量发展的重要手段，并正在广泛推广应用。

二、 设施栽培樱桃番茄是数字农业应用的优先场景

5G、AI、LED 等应用技术的快速发展，为设施樱桃番茄栽培的智能化生产设施设备、智慧识别、智慧畅联、智能化生产、精细化的仿生仿真、智能决策、信息化管理服务等生产环节提供了可靠的解决方案，成为种植业最有可能优先构建基于 5G 的数字智慧农业应用场景和业态。未来基于 5G、AI 技术支持下的樱桃番茄智慧农场、无人农场，最有可能首先引领智能设施种植的新风潮。

三、带动产品市场供应链服务革命

櫻桃番茄产业在农业产业体系中，目前基本上完成了第一产业的使命，大规模的种植生产正在向第二产业演进。然而，大数据、云计算、人工智能等现代信息技术在现代农业产业链的植入和普及，完全具有实现櫻桃番茄产业跨越式发展的可能，进入第三产业阶段，并且与第二产业同期相互推动发展。

在生产环节上，櫻桃番茄是一个投入产出比较效益显著的农作物，其产业链各环节可通过智慧农业综合管理服务平台，实现产前、产中、产后全产业链的智能决策、实时管理和质量安全追溯等从农场到餐桌全过程；在供应链和服务环节上，櫻桃番茄产品的市场供给能根据生产布局、市场需求和季节变化，仿真、设计和调整櫻桃番茄生产、供给、配送等任务，特别是对产品的上下市时间进行合理的调整，避开集中上市时期，瞄准供应空窗期，降低市场信息不对称造成的风险，有效地提高产业经营收益。

四、加工拉动櫻桃番茄产业向专业化、深层次发展

一是深加工的发展将拓展櫻桃番茄加工产品产业链。加工产业是承接上游、链接下游产业的重要桥梁，是櫻桃番茄产业增值的关键环节。随着櫻桃番茄产业进入成熟期，产品加工技术和设备的进步，对产量和质量需求仍处于正增长，未来深加工产品成为櫻桃番茄产业向专业化、深层次发展的关键突破口。櫻桃番茄鲜果除了直接食用外，下游产品重点发展櫻桃番茄果酱、果汁、果干、果脯、果胶、果泥等，甚至深加工可以研发櫻桃番茄果醋、果酒和功能保健食品，拓展产品消费新需求。

二是櫻桃番茄预制菜生产可成为消费新业态。随着人们餐饮消费方式和消费观念的多元化，近年来，预制菜消费市场大热，预制菜消费订单呈出现爆发式增长，成为饮食消费的新亮点。櫻桃番茄

是一种适合标准化、规模化、产业化生产的预制菜食材。樱桃番茄设施栽培机械化、智能化生产水平高，全程可实现产量质量控制、清洁生产和安全可追溯，不仅可达到预制菜的安全优质、绿色生态的要求，丰富了预制菜品的食材来源，同时也进一步推动樱桃番茄产品精深加工提档升级和新业态发展，提高樱桃番茄产品的附加值。未来，在完善高效的农产品供应链体系支撑下，樱桃番茄预制菜生产有望发展成为特色消费新业态。

（骆浩文）

<<< 主 要 参 考 文 献 >>>

陈芳，2022. 水肥一体化技术发展现状与对策［J］. 农业工程，12（2）：75-78.

陈珊珊，周业凯，张志明，等，2018. 二氧化碳施肥对樱桃番茄果实发育和品质的影响［J］. 浙江大学学报（农业与生命科学版），44（3）：318-326.

丁小雪，汪炳良，海睿，等，2019. 不同来源托鲁巴姆种子的发芽特性研究［J］. 浙江农业学报，31（3）：420-427.

董伟，2015. 蔬菜病虫害诊断与防控彩色图谱［M］. 北京：中国农业出版社：148-182.

辜松，2012. 蔬菜嫁接机的发展现状［J］. 农业工程技术（温室园艺），（05）：26，28，30.

何声团，何阳，2022. 番茄套管嫁接育苗技术规程［J］. 上海蔬菜，（02）：29-31.

侯喜林，2009. 都市农业［M］. 北京：北京科学技术出版社：30-40.

江建珍，何圣米，江建红，等，2021. 蔬菜工厂化育苗关键设备的选型与应用［J］. 浙江农业科学，62（5）：889-891.

李珺，马力通，高书良，2012. 番茄中超氧化物歧化酶提取工艺的优化［J］. 安徽农业科学，40（7）：3997-3998.

刘欢，2020. 大田物联网系统研究［J］. 物联网技术，10（9）：96-98.

刘中良，2019. 设施番茄安全高效生产技术［M］. 北京：中国农业科学技术出版社：81-84.

邱华，2020. 蔬菜育苗产业现状、问题与发展措施［J］. 农业工程技术，40（17）：21.

王怡婉，王怡文，郑丽娟，2018. 都市休闲农业规划设计研究进展［J］. 南方农业，12（33）：108-109.

叶青，任雷厉，庄新霞，等，2011. 加工番茄皮渣中水溶性膳食纤维提取工艺的研究［J］. 食品工业，32（07）：12-15.

张爱萍，刘江娜，闫建俊，等，2022. 番茄基因编辑研究进展和前景［J］. 园艺学报，49（1）：12.

张承林，杨坤，2006. 由滴灌系统施用鸡粪和花生麸沤腐液对番茄生长的影响［J］. 华南农业大学学报，27（1）：25-28.

郑刚，刘佳，聂晓波，等，2019. 设施蔬菜工厂化育苗技术和设备应用［J］. 农业工程技术，39（10）：60-65.

郑锦荣，李艳红，聂俊，等，2020. 设施樱桃番茄产业概况及研究进展［J］. 广东农业科学，47（12）：212-220.

Dixon M S，Jones D A，Keddie J S，et al. 1996. The tomato *Cf-2* disease resistance locus comprises two functional genes encoding leucine-rich repeat proteins. Cell，84（3）：451-459.

Hermanns A S，Zhou X，Xu Q，Tadmor Y，Li L 2020. Carotenoid pigment accumulation in horticultural plants. Horticultural Plant Journal，6：343-360.

Jones D，Thomas C，Hammond-Kosack K，et al. 1994. Isolation of the tomato *Cf-9* gene for resistance to *Cladosporium fulvum* by transposon tagging. Science，266（5186）：789-793.

Lanfermeijer F C，Dijkhuis J，Sturre M J，et al. 2003. Cloning and characterization of the durable tomato mosaic virus resistance gene *Tm-2*（2）from *Lycopersicon esculentum*. Plant Molecular Biology，52（5）：1037-1049.

Rodríguez-Leal，D.，Lemmon，Z. H.，Man，J.，et al. 2017. Engineering quantitative trait variation for crop improvement by genome editing. Cell，171：470-480.

Soyk，S. et al. 2017. Bypassing negative epistasis on yield in tomato imposed by a domestication gene. Cell 169：1142-1155.

Thomas C M，Jones D A，Parniske M，et al. 1997. Characterization of the tomato *Cf-4* gene for resistance to *Cladosporium fulvum* identifies sequences that determine recognitional specificity in *Cf-4* and *Cf-9*. The Plant Cell，9（12）：2209-2224.

Tieman，D. et al. 2017. A chemical genetic roadmap to improved tomato flavor. Science，355：391-394.

附录 1　广东设施樱桃番茄主要病虫害及综合防控 技术规程

一、主要病虫害

广东设施樱桃番茄的主要侵染性病害有黄化曲叶病、青枯病、灰霉病、早疫病、白粉病、晚疫病、枯萎病、菌核病等。主要生理性病害有缺镁、缺硼、脐腐病、生理性裂果、畸形果等。主要害虫害螨有烟粉虱、美洲斑潜蝇、番茄斑潜蝇、斜纹夜蛾、二斑叶螨等。

1. 黄化曲叶病　由双生病毒科菜豆金色花叶病毒属（*Begomovirus*）病毒引起，多种该属病毒可以引起番茄黄化曲叶病，在广东主要是番茄黄化曲叶病毒（TYLCV）、台湾番茄曲叶病毒（ToLCTWV）、广东番茄黄化曲叶病毒（TYLCGdV）和广东番茄曲叶病毒（ToLCGdV）。生长发育早期染病植株严重矮缩，无法正常开花结果，产量下降严重，后期番茄植株明显矮小，果实畸形，失去商业价值。除苗期至首花期较少发生外，其余生长周期均可以发生，特别是天气温暖的挂果盛期，烟粉虱发生严重，该病随之发生严重。

2. 青枯病　由茄科劳尔氏菌（*Ralstonia solanacearum*）引起，俗称青枯菌，属薄壁菌门劳尔氏菌科劳尔氏菌属。广东樱桃番茄上青枯病病原主要为青枯菌 1 号和 3 号生理小种。整个生长周期都可以发生。一旦染病易整株植株凋萎枯死，并通过流水快速感染其他植株，造成生产减收。

3. 早疫病　由茄链格孢（*Alternaria solani*）引起，属半知菌亚门黑霉科链格孢属。挂果期发生，挂果盛期发病严重，春种 4—6 月，冬种 11 月至翌年 1 月较多发生。造成品质与产量下降，果实被侵染后形成病斑致失去商业价值。

4. 白粉病　由新番茄粉孢菌（*Oidium neolycopersici*）引起，属半知菌亚门杯霉科粉孢属。多在挂果期发生，挂果前期初现，挂果盛期逐渐变严重，春种 4—5 月、冬种 11—12 月容易发生。造成品质与产量下降，果实被侵染后风味不佳。

5. 晚疫病　由致病疫霉菌（*Phytophthora infestans*）引起，属卵菌门腐霉科疫霉属。番茄晚疫病菌有明显的生理分化现象，可以分为许多不同的生理小种，主要有 T0、T1、T1.2、T1.2.3、T1.2.3.4、T1.4、T1.2.4 和 T3 等。低温高湿、光照不足、通风不良、种植密度大等因素易诱发晚疫病，春种 3—4 月、冬种 12 月发生较多。发生严重时造成植株枯萎凋亡，果实被侵染后产生病斑逐渐腐烂，影响品质与产量。

6. 枯萎病　由半知菌亚门真菌尖孢镰刀菌番茄专化型（*Fusarium oxysporum* f. sp. *lycopersici*）引起。主要在挂果期发生，挂果盛期至挂果后期较严重，春种 4—5 月、冬种 11 月至翌年 1 月多发，高温、高湿利于病害发生。一旦染病可造成植株停止生长直至死亡，且多发生在挂果盛期，严重影响品质与产量。

7. 菌核病　由核盘菌（*Sclerotinia sclerotiorum*）引起，属子囊菌门核盘菌科核盘菌属。苗期和其他生长期都可发生，低温、高湿条件下发病较重，春种 2—4 月、冬种 12 月至翌年 1 月发生较多。主要侵染幼苗、叶片、茎、果实，导致植株苗期死亡或果实品质不佳。

8. 烟粉虱（*Bemisia tabaci*）　成虫、若虫刺吸作物汁液，卵能吸收叶片水分，使作物叶片褪绿萎蔫甚至枯死，传染多种病毒病，在广东地区传染黄化曲叶病毒病严重，并诱发煤污病，造成作物严重减产，是广东地区设施樱桃番茄危害最严重的害虫。在棚室内可每年发生 15 代，全年繁殖，世代重叠，春种 5—6 月、冬种 11 月下旬至翌年 1 月为危害高峰期。

9. 美洲斑潜蝇和番茄斑潜蝇　成虫吸取植株叶片汁液，卵产于植物叶片叶肉中，初孵幼虫潜食叶肉，主要取食栅栏组织形成虫道，影响植株光合作用和长势。在棚室可全年繁殖，每年 15～20

代，春种 3 月、冬种 10 月起可见危害，5—6 月、12 月至翌年 1 月为危害高峰期。

10. 斜纹夜蛾（*Spodoptera litura*）　以幼虫取食叶片为主，也能啃食櫻桃番茄的茎、果实，四龄后进入暴食期，可把叶片嚼食至只剩叶脉，造成减产。在广东每年约 9 代，3 月起可见幼虫开始危害，春种 3—5 月，冬种 10—11 月是两个危害高峰期。

11. 二斑叶螨（*Tetranychus urticae*）　二斑叶螨主要寄生在叶背取食，吸取汁液，可使叶片变成灰白色及至暗褐色。二斑叶螨还会释放毒素或生长调节物质，引起植物生长失衡，果实品质与产量下降。在广东可每年发生 20 代，全年发生，世代重叠，春种 5—6 月、冬种 12 月至翌年 1 月为危害高峰期。

二、主要病虫害防控原则和策略

1. 防控原则　坚持"预防为主、综合防控"的植保工作方针，以主要病虫害为主要防控对象，协调运用综合防控技术，优先采用农业、物理和生物防控措施，辅助以安全合理的化学防控措施，达到高效、安全、经济和绿色的目的。

2. 设施棚室选址　设施棚室宜在生态环境良好，水源干净，利于排水，远离工矿区、工业污染源、垃圾场等地段建设。

3. 设施棚室设计　设施棚室的天窗、侧窗、门帘机械性能好、关闭后密封性好。棚室入口处设置缓冲室或防虫帘，入口提供杀菌脚垫、紫外消毒或臭氧消毒，避免病原、害虫进入。温室、大棚应具有良好的降温、降湿功能，以应对广东高温高湿气候，为櫻桃番茄栽培提供优良环境。防虫网设计与安装应符合《温室防虫网设计安装规范（GB/T 19791—2005)》的规定，定期更换。

4. 栽前准备

（1）棚室消毒。空棚期和采收期结束后，清除櫻桃番茄枝蔓，清理棚室。设施土质栽培，及时翻耕，并结合翻耕灌水、机械除草及化学除草等方法，消除病虫滋生场所。设施基质栽培需及时清理或消毒栽培基质、栽培槽。设施水培栽培需及时清理消毒水培槽、水培营养液管道、营养液池。选择连续晴朗天气，密闭所有风口，连续闷棚7～14d，减少棚室内病虫源。

（2）基质或土壤消毒。设施土质和设施基质栽培条件下，土壤、育苗基质、栽培基质在使用前应进行消毒，可采用多菌灵、精甲霜灵、辛硫磷、噻虫嗪消毒，让药剂在堆内自由扩散，均匀分布，熏蒸时间7～10d。设施水培栽培应对水培槽、营养液输送管、营养液池（桶）消毒，可采用多菌灵、精甲霜灵、代森锰锌对其均匀喷洒、冲刷、浸泡消毒。

5. 种子处理与育苗 选用高抗病毒病、具有多抗性且已审定或已引种备案的适合广东地区种植的优质樱桃番茄品种，品种合理布局、定期轮换、避免抗病虫性丧失。播种前进行种子消毒处理，采用55℃温水中浸泡15min，减少种子中的带病菌数。选用吡虫啉或噻虫嗪等种子处理剂拌种或丸粒化，预防苗期烟粉虱等介体昆虫传毒。使用优质泥炭土作为育苗基质。

6. 定植前施用药 樱桃番茄苗定植前2～3d，用苯醚甲环唑、精甲·百菌清、双炔酰菌胺等杀菌剂，搭配吡虫啉、溴氰虫酰胺等杀虫剂喷施，带药移栽定植，增强幼苗抵抗力。

7. 开花期和采收期防控 此阶段是青枯病、枯萎病、早疫病、病毒病、烟粉虱、斑潜蝇、斜纹夜蛾的多发期，根据附录3，及时对症用药，采取农业防控、物理防控、生物防控和化学防控等综合防控方法。

防控方案：①应用天敌。在设施条件下，释放天敌，如胡瓜新小绥螨、加州新小绥螨、斯氏钝绥螨等对叶螨和烟粉虱卵的有较好的控制作用，每亩释放25 000～50 000头，叉角厉蝽捕食斜纹夜蛾效果良好，每亩释放30～50头。②黄板和诱瓶引诱。使用悬挂黄板和诱瓶，每亩悬挂200～300张A4纸大小的黄板，适当加入诱芯，能有效引诱粉虱、斑潜蝇、夜蛾。③药剂灌根。使用中生菌素可湿性粉剂800倍液、100亿芽孢/g枯草芽孢杆菌500倍液、10亿CFU/g解淀粉芽孢杆菌可湿性粉剂500倍液灌根，可以有效预防青枯病发生，使用45%甲霜·噁霉灵可湿性粉剂800倍液、

30％噁霉灵水剂 600 倍液、6％春雷霉素可湿性粉剂 800 倍液灌根，防控枯萎病。

　　注意使用天敌时应选用选择性强，对捕食螨杀害小的药剂。

　　8. 肥水管理　设施土质、基质栽培应合理选择缓（控）释肥、配方肥，科学调配营养液，实现水肥一体化，加强田间管理，增强植株抗病力。设施水培栽培的营养液配方应适合樱桃番茄生长，成分组成合理，增强植株抗病力。

　　9. 工具消毒　园艺操作时，接触过病株的工具和手在接触健株前要消毒。用肥皂水或 75％酒精免洗洗手液洗手，用 75％酒精浸泡刀具 30min。

　　10. 合理轮作　设施土质栽培因地制宜采用合理耕作制度，栽培前与葱、蒜、姜、南瓜、豇豆等作物轮作减少樱桃番茄各种主要病虫害的发生。

　　11. 农药使用原则　参照 P133～134 药剂防控相关内容。

（谭德龙）

附录 2　国家禁用和限用的农药名单

一、禁止（停止）使用的农药（50 种）

六六六、滴滴涕、毒杀芬、二溴氯丙烷、杀虫脒、二溴乙烷、除草醚、艾氏剂、狄氏剂、汞制剂、砷类、铅类、敌枯双、氟乙酰胺、甘氟、毒鼠强、氟乙酸钠、毒鼠硅、甲胺磷、对硫磷、甲基对硫磷、久效磷、磷胺、苯线磷、地虫硫磷、甲基硫环磷、磷化钙、磷化镁、磷化锌、硫线磷、蝇毒磷、治螟磷、特丁硫磷、氯磺隆、胺苯磺隆、甲磺隆、福美胂、福美甲胂、三氯杀螨醇、林丹、硫丹、溴甲烷、氟虫胺、杀扑磷、百草枯、2,4-滴丁酯、甲拌磷、甲基异柳磷、水胺硫磷、灭线磷。

注：2,4-滴丁酯自 2023 年 1 月 23 日起禁止使用。溴甲烷可用于"检疫熏蒸梳理"。杀扑磷已无制剂登记。氟虫胺、甲拌磷、甲基异柳磷、水胺硫磷、灭线磷，自 2024 年 9 月 1 日起禁止销售和使用。

二、在部分范围禁止使用的农药（20 种）

通用名	禁止使用范围
甲拌磷、甲基异柳磷、克百威、水胺硫磷、氧乐果、灭多威、涕灭威、灭线磷	禁止在蔬菜、瓜果、茶叶、菌类、中草药材上使用，禁止用于防控卫生害虫，禁止用于水生植物的病虫害防控
甲拌磷、甲基异柳磷、克百威	禁止在甘蔗作物上使用
内吸磷、硫环磷、氯唑磷	禁止在蔬菜、瓜果、茶叶、中草药材上使用
乙酰甲胺磷、丁硫克百威、乐果	禁止在蔬菜、瓜果、茶叶、菌类和中草药材上使用
毒死蜱、三唑磷	禁止在蔬菜上使用

（续）

通用名	禁止使用范围
丁酰肼（比久）	禁止在花生上使用
氰戊菊酯	禁止在茶叶上使用
氟虫腈	禁止在所有农作物上使用（玉米等部分旱田种子包衣除外）
氟苯虫酰胺	禁止在水稻上使用

附录 3 樱桃番茄病虫害防控安全用药表

1. 烟粉虱

药剂	剂型	使用量	使用方法
30%螺虫·呋虫胺	悬浮剂	10～20mL/亩	喷雾
35%联苯·噻虫嗪	悬浮剂	10～14mL/亩	喷雾
22%螺虫·噻虫啉	悬浮剂	30～40mL/亩	喷雾
19%溴氰虫酰胺	悬浮剂	33.3～40mL/亩	喷雾
400 亿孢子/g 球孢白僵菌	可湿性粉剂	25～30g/亩	喷雾

2. 蓟马

药剂	剂型	使用量	使用方法
19%溴氰虫酰胺	悬浮剂	33.3～40mL/亩	喷雾
28%阿维·螺虫酯	悬浮剂	10～20mL/亩	喷雾
22%螺虫·噻虫啉	悬浮剂	30～40mL/亩	喷雾
80 亿孢子/mL 金龟子绿僵菌 CQMa421	可分散油悬浮剂	60～90mL/亩	喷雾

3. 叶螨

药剂	剂型	使用量	使用方法
25g/L 联苯菊酯	乳油	20～40mL/亩	喷雾
100g/L 联苯菊酯	乳油	5～10mL/亩	喷雾
20%丁氟螨酯	悬浮剂	30～37.5mL/亩	喷雾

4. 夜蛾

药剂	剂型	使用量	使用方法
400 亿孢子/g 球孢白僵菌	可温性粉剂	1 500～2 500 倍液	喷雾
300 亿 PIB/g 甜菜夜蛾核型多角体病毒	水分散粒剂	2～5g/亩	喷雾
50g/L 虱螨脲	乳油	50～60mL/亩	喷雾
32 000IU/mg 苏云金杆菌 G033A	可湿性粉剂	125～150g/亩	喷雾

5. 斑潜蝇

药剂	剂型	使用量	使用方法
10%溴氰虫酰胺	悬浮剂	14～18mL/亩	喷雾
4.5%高效氯氰菊酯	乳油	28～33mL/亩	喷雾
16%高氯·杀虫单	微乳剂	75～150mL/亩	喷雾

6. 病毒病

药剂	剂型	使用量	使用方法
20%丁子香酚	水乳剂	30～45mL/亩	喷雾
1%氨基寡糖素	可溶液剂	430～540mL/亩	喷雾
0.5%香菇多糖	水剂	166～250mL/亩	喷雾
8%宁南霉素	水剂	75～100g/亩	喷雾

7. 青枯病

药剂	剂型	使用量	使用方法
10%中生·寡糖素	可湿性粉剂	1 600～2 000 倍液	灌根
3%中生菌素	可湿性粉剂	600～800 倍液	灌根
10 亿 CFU/g 多黏类芽孢杆菌	可湿性粉剂	440～680g/亩	灌根
100 亿孢子/g 枯草芽孢杆菌	可湿性粉剂	100～120g/亩	灌根
20%噻森铜	悬浮剂	300～500 倍液	灌根

8. 早疫病

药剂	剂型	使用量	使用方法
50%肟菌酯	水分散粒剂	8~10g/亩	喷雾
80%代森锰锌	可湿性粉剂	130~210g/亩	喷雾
43%氟菌·肟菌酯	悬浮剂	15~25mL/亩	喷雾
31%噁酮·氟噻唑	悬浮剂	27~33mL/亩	喷雾

9. 白粉病

药剂	剂型	使用量	使用方法
5%香芹酚	水剂	100~120mL/亩	喷雾
42.4%唑醚·氟酰胺	悬浮剂	20~30mL/亩	喷雾
200g/L氟酰羟·苯甲唑	可湿性粉剂	40~60mL/亩	喷雾
75%肟菌·戊唑醇	水分散粒剂	10~15g/亩	喷雾

10. 晚疫病

药剂	剂型	使用量	使用方法
70%丙森锌	可湿性粉剂	150~200g/亩	喷雾
60%唑醚·代森联	水分散粒剂	40~60g/亩	喷雾
31%噁酮·氟噻唑	悬浮剂	27~33mL/亩	喷雾
53%烯酰·代森联	水分散粒剂	180~200g/亩	喷雾

11. 叶霉病

药剂	剂型	使用量	使用方法
80%甲基硫菌灵	可湿性粉剂	45~60g/亩	喷雾
50%克菌丹	可湿性粉剂	125~187g/亩	喷雾
200g/L氟酰羟·苯甲唑	悬浮剂	40~60mL/亩	喷雾
47%春雷·王铜	可湿性粉剂	94~125g/亩	喷雾

12. 枯萎病

药剂	剂型	使用量	使用方法
2%嘧啶核苷类抗菌素	水剂	200 倍液	灌根或撒施
1.2 亿芽孢/g 解淀粉芽孢杆菌	水分散粒剂	20～32kg/亩	灌根或撒施
30%噁霉灵	水剂	600～800 倍液	灌根或撒施
50%甲基硫菌灵	悬浮剂	50～75mL/亩	灌根或撒施

13. 菌核病

药剂	剂型	使用量	使用方法
50%腐霉利	可湿性粉剂	50～100g/亩	喷雾
45%异菌脲	悬浮剂	80～120mL/亩	喷雾
50%啶酰菌胺	水分散粒剂	20～30g/亩	喷雾

（谭德龙）

图书在版编目（CIP）数据

樱桃番茄新品种新技术 / 郑锦荣等编著 . —北京：
中国农业出版社，2023.4
ISBN 978-7-109-30543-4

Ⅰ.①樱… Ⅱ.①郑… Ⅲ.①番茄－蔬菜园艺 Ⅳ.
①S641.2

中国国家版本馆 CIP 数据核字（2023）第 050357 号

樱桃番茄新品种新技术
YINGTAO FANQIE XINPINZHONG XINJISHU

中国农业出版社出版
地址：北京市朝阳区麦子店街 18 号楼
邮编：100125
责任编辑：郭晨茜　谢志新
版式设计：杜　然　　责任校对：李伊然
印刷：中农印务有限公司
版次：2023 年 4 月第 1 版
印次：2023 年 4 月北京第 1 次印刷
发行：新华书店北京发行所
开本：880mm×1230mm　1/32
印张：5.75　　插页：2
字数：163 千字
定价：38.00 元